长距离大型调水工程
运行维护定额体系构建与应用

刘　凯　付清凯　刘卫其　等　编著

中国电力出版社
CHINA ELECTRIC POWER PRESS

图书在版编目（CIP）数据

长距离大型调水工程运行维护定额体系构建与应用 /
刘凯等编著. 北京： 中国电力出版社，2025.7.（2025.8 重印）
ISBN 9787523901502

Ⅰ.TV68

中国国家版本馆 CIP 数据核字第 2025RY2569 号

出版发行：中国电力出版社

地　　址：北京市东城区北京站西街 19 号（邮政编码 100005）

网　　址：http：//www.cepp.sgcc.com.cn

责任编辑：王晓蕾

责任校对：黄　蓓　马　宁

装帧设计：赵丽媛

责任印制：杨晓东

印　　刷：北京世纪东方数印科技有限公司

版　　次：2025 年 7 月第一版

印　　次：2025 年 8 月北京第二次印刷

开　　本：787 毫米×1092 毫米　16 开本

印　　张：7.5

字　　数：187 千字

定　　价：48.00 元

编写人员

刘　凯　　付清凯　　刘卫其　　张超伟　　赵梁明

张小琴　　宋广泽　　余梦雪　　张学寰　　武晓芳

芮京兰　　陈海云　　李　乔　　周　围

前　言

在国家层面统筹水资源配置，已成为推动社会经济协调发展、提升生态承载能力和构建现代水安全体系的重要战略方向。随着不同地区发展节奏的不断加快，水资源时空分布不均的问题日益突出，部分地区面临结构性缺水压力，对外部水源调剂的依赖程度持续上升。在此背景下，我国逐步规划并实施了多项长距离、跨流域的大型调水工程，以提升水资源的调控能力，缓解区域供需矛盾。这类工程不仅打通了水源地与需水区的空间通道，拓展了水资源的配置范围，还有力推动了全国水网一体化建设，提升了国家整体水安全保障能力与应急应变能力。

长距离调水工程具有流域跨度大、输水距离长、设施体系复杂、运行周期长等显著特征，其设计理念早已超越传统意义上的"输水功能"，同时承担着生态补水、区域调节、水质保障和突发事件应对等多重职责。一个典型的长距离调水工程通常包括输水干线、调蓄水库、泵站、水闸、信息化监测平台和自动化控制系统，并配套运行调度指令机制和风险预警响应体系。工程在空间上跨越多个地理单元，在管理上涉及多级行政区域与多种技术职能部门，构建起跨区域、跨行业、跨层级协同运行的复合型基础设施网络。这种系统架构在提升水资源输配效率的同时，也对运行管理的技术能力、组织协同与制度支撑提出了更高要求。

随着工程运行年限的持续延长，其管理重心逐步由保障基本输水向实现高质量、安全、高效运行转变。工程全生命周期管理面临着设备老化、环境波动、应急处置等多种不确定性因素叠加的挑战。因此，建立一套制度化、可量化、可执行的运行维护管理机制，实现从计划编制、过程控制、资源配置到绩效评价等全过程的精细化管理，保障工程在全生命周期内的运行安全、成本可控与效益可持续尤为关键。

在这一背景下，构建统一、规范、科学且具备动态调整能力的定额管理体系，成为提升大型调水工程运行维护水平的关键举措。定额不仅是预算编制、计划制定和成本控制的重要依据，更是推动资源高效配置、施工组织标准化和过程管理精细化的重要支撑工具。相较于传统依赖经验的粗放型管理模式，定额管理强调以数据为基础、以制度为牵引，通过标准化指标体系将各类运维活动的资源投入与实施过程纳入可度量、可比较、可追踪的管理范畴。它在运行中不仅是一套"计量工具"，更是一种"治理语言"，为多单位、多层级、多专业协同过程提供了统一而精准的决策依据。

定额体系通常涵盖人工、材料、机械等主要资源要素，针对不同工种、不同任务类型制定标准工作量指标，构建"定量管理"框架。运行管理人员可据此进行计划排布、成本测算、物资调配与人员组织等各项决策，极大提升管理的科学性、规范性与响应效率。在应对突发性检修任务或阶段性工作强度变化时，定额体系还能够提供有效的边界参考，保障资源配置的合理性与工程运行的连续性。

与此同时，考虑到长距离调水工程普遍存在区域跨度大、作业条件多样、技术基础不均等特点，定额体系在"统一规范"之外，还必须具备高度的适应性与灵活性。科学的定额体系应具备动态更新机制，能够根据设备更新换代、市场价格波动、季节性变化、区域差异化需求等多重因素，适时进行本地化修订和优化调整。通过构建"国家层面统一指导 + 区域层面差异化实施"的双层管理架构，既保障了制度执行的刚性，又提升了工程管理的柔性与弹性，为多区域、多场景下的工程运行提供了更具适应性的定额支撑体系。

南水北调中线工程作为我国实施的极具代表性、技术跨度大、运行系统复杂的调水工程，全面展现了长距离、大规模跨流域输水系统的运行特征与管理难点。其输水干线全长超过 1400km，跨越多个省市，穿越多种地形地貌，沿线配套建设了泵站、水闸、倒虹吸等多类关键节点设施，形成了一个高耦合、高频次、高强度的运行体系。进入全面运行期后，工程所面临的设施维护、设备检修、水质监测、安全巡查、应急响应等任务类型不断拓展，运维工作专业分工更加细化、资源需求愈发多元，管理负荷呈现持续上升趋势。

在这一过程中，定额管理体系发挥了至关重要的作用。通过对运维任务的分类分级、对作业资源的量化规范、对成本结构的精细控制，中线工程逐步实现了规范化、数据化、绩效导向型管理。在渠道巡查、机电检修、绿化养护、水下衬砌板修复等典型场景中，定额体系不仅界定了作业标准，也为材料准备、人工组织、设备调配、预算核算等管理环节提供了可执行的依据。依托这一体系，管理单位能够有效识别效率瓶颈、预测资源缺口、调配人员结构、控制费用支出，实现多维度要素的协同调控。

更为重要的是，定额体系还与绩效评价、预算控制、风险评估等核心管理模块深度融合，逐步建立起贯通"计划—执行—监督—反馈—调整"的闭环管理机制。在这一意义上，定额管理不仅是一套成本控制工具，更是一种推动管理理念、组织方式和治理模式转型升级的制度基础，在大型水利工程的全生命周期治理中具备基础性与战略性双重价值。

    本书以南水北调中线工程为研究平台，立足真实工程场景与典型管理需求，梳理运行维护阶段定额管理体系的构建逻辑、标准方法与落地路径，提炼可复制、可扩展的实践经验，拓展其在更大范围调水工程与复杂基础设施中的应用空间，希望能为类似工程在运行维护管理过程中优化资源配置、提高管理科学性提供一定参考。

    本书的撰写得到了南水北调中线工程相关单位的支持，相关实践资料和经验交流为本书提供了宝贵素材。同时，本书也参考吸收了近年来相关科研项目的部分研究成果，在此一并致谢。感谢长期参与工程运行、维护与管理的单位与专家，以及为书稿编写提供建议和帮助的同仁、研究团队和同事们的支持与付出。

    书中内容如存在不足之处，敬请广大读者批评指正。希望本书在总结经验、推动探索的同时，也能为相关研究和工程实践的进一步完善提供一些有益的启示与思考。

编著者

目　录

第1章 定额体系概述

1.1 定额体系的定义与作用

在工程建设领域，定额体系是实现项目精细化管理、控制成本、优化资源配置的基础性管理工具。其核心在于通过标准化的指标体系，对项目实施过程中各类资源的消耗量、费用构成和作业工时等进行科学量化，从而为工程预算编制、施工组织设计、物资计划管理以及项目绩效评估提供可靠依据。

1.1.1 定额管理体系的定义

在工程建设管理领域，定额是指在一定的施工技术、组织条件和管理水平下，完成单位工程量所需的人力、材料、机械、工时等资源的标准消耗量。它既是项目造价管理的基本依据，也是实现全过程成本控制、资源优化配置与施工过程规范化的重要工具。随着项目体量扩大和管理复杂性的提升，单一的定额概念已难以支撑现代工程管理的需求，逐步发展为包括多个子类、覆盖多个阶段的定额体系。

所谓定额体系，是指涵盖工程项目建设全过程、涉及多类资源与费用控制标准的系统化集合体。它以消耗量定额为基础，结合费用定额、指标定额、技术定额等，构成一个结构完整、逻辑严密、功能多元的工程管理工具体系。该体系不仅为项目实施提供统一的资源管理标准，还支撑预算编制、施工组织、物资调配、绩效考核等关键环节，是工程精细化管理不可或缺的核心内容。

从结构构成上看，定额体系通常包含三大类子系统。第一类是消耗量定额，用于规范单位工程量所需的人工、材料和机械等资源数量，是预算测算和现场管控的核心基础；第二类是费用定额，以消耗量为基础，结合市场价格及费用构成，形成各类工程费用的计算标准，广泛应用于预算编制与投资评估；第三类是指标定额，通过对历史工程数据的系统归纳，形成具备行业代表性和经济规律性的综合指标，主要用于可行性研究、成本测算和绩效分析。三者相辅相成，形成全面支撑工程项目全过程管理的系统化工具。

在层级划分上，定额体系可分为国家定额、行业定额和企业定额三个层次。国家定额由主管部门发布，适用于全国范围内的建设项目，具备权威性和普适性；行业定额则由各行业主管部门或行业协会制定，针对特定专业领域形成更加精细和匹配的管理标准；企业定额则是工程承包商或运维单位结合企业实际情况和管理能力，自主建立的内部控制标准，是企业实现成本最优化和增强市场竞争力的重要基础。企业定额可以在国家与行业定额的基础上进行局部调整和动态修订，更贴合企业内部的生产组织方式和项目执行特点。

定额体系在工程实践中具有广泛的应用价值。首先，它是项目成本控制的基础，通过设定标准资源消耗和费用结构，为项目概算、预算和结算提供可靠依据。其次，它是施工组织与资源配置的指导工具，有助于合理安排施工工序、人员调度和材料采购等工作。再次，定额还是企业在市场化竞争中制定自主报价策略的重要依据，直接影响项目投标的成败和成本控制。随着信息化与智能化管理的发展，定额体系也成为工程管理平台的数据核心模块，支撑起成本管理系统、施工计划系统与采购管理系统之间的数据接口，实现项目数据闭环管理。此外，合理的定额标准还能间接影响施工工艺优化与工程质量控制，通过固化先进经验和工序标准，形成可复制、可追溯的标准作业流程。

需要指出的是，定额体系并非一成不变的静态标准，而是一个动态演化的管理系统。在不同区域、不同项目类型和不同时间周期下，受限于技术进步、市场价格、组织模式和施工环境的变化，定额标准需不断进行校准和优化。因此，建立有效的定额数据反馈机制、调整机制与升级机制，是提升定额体系生命力与实用性的关键。

总而言之，定额体系是现代工程建设管理体系中的基石。它不仅提供了统一的资源消耗与成本计算标准，更通过标准化、系统化、数据化的方式，将成本控制、资源管理与施工执行紧密结合，成为贯穿项目全生命周期的综合管理平台。随着工程项目数字化管理的持续推进，构建科学、高效、灵活的定额体系，将成为工程企业提升核心竞争力和实现可持续发展的重要支撑。

1.1.2 定额管理体系的作用

定额体系作为工程建设管理的重要工具，其作用远不止于成本核算，更广泛地体现在工程实施的各个环节。从前期决策、施工组织、资金控制，到后期运维和绩效评估，定额体系贯穿项目的全生命周期，为建设单位、施工单位、监理单位及政府监管部门提供了标准化、量化、科学化的管理依据。

第一，定额体系是工程成本控制的核心基础。工程造价管理的目标是控制项目在合理投资范围内顺利实施，避免成本超支与浪费，而这一目标的实现依赖于定额体系提供的标准化成本测算框架。在项目可行性研究和立项阶段，管理者可依据定额标准对项目投资额进行初步估算，为政府审批或融资安排提供依据。在概算、预算编制阶段，定额数据则进一步细化成本构成，帮助项目方明确各工序、各子项目的资金需求。在项目实施过程中，定额标准可用于动态跟踪实际消耗与计划预算之间的偏差，便于及时发现问题并采取纠偏措施。在竣工结算与审计环节，定额体系则是判断各项工程费用合理性与合规性的基本依据，支撑项目验收与财务评估。

第二，定额体系是资源优化配置的调度工具。在大型基础设施项目中，资源配置的科学性直接影响施工进度、工程质量和资金利用效率。定额体系明确规定完成单位工作量所需的人工工日、材料用量、机械台班，为施工组织设计、劳动力计划、物资采购与设备调配提供量化依据。例如，在编制月度施工计划时，项目经理可以根据定额测算出各道工序的资源需求量，并据此合理安排人员进场、材料进仓和设备租赁，避免"人等料"或"料等人"的现象，提升组织效率。同时，定额体系还能够反映不同施工方法、不同设备选择下的成本差异，为项目优化施工方案、调整施工工艺提供参考。

第三，定额体系是企业参与市场竞争的重要支撑。在工程量清单计价制度普及的背景下，企业报价的合理性与竞争力越来越依赖于内部定额数据的准确性与先进性。企业在投标过程中通过自身构建的定额体系进行标前成本测算，判断报价是否具有市场竞争力，同时规避低价中标带来的履约风险。高质量的企业定额体系，不仅体现企业的管理水平和项目执行能力，也能有效提升报价策略的科学性和中标的精准度。

第四，定额体系是推动工程项目管理信息化的基础数据源。在建设单位逐步推广数字化建造、智慧工地和全生命周期管理平台的背景下，定额体系作为结构化数据的来源，成为项目管理系统中不可替代的标准模块。无论是项目进度管理系统、项目成本控制系统，还是采购管理系统、施工监测系统，均需要定额数据作为核心参数来驱动其运行。例如，在 BIM 建模中，结合定额数据可实现"量价联动"，通过三维构件自动推导出成本估算与资源配置；在项目执行过程中，基于定额标准设定的计划值可以对照现场实际值进行进度偏差分析和成本预警。定额体系的结构化与数据化，使其成为实现工程项目管理"从经验驱动向数据驱动"转型的关键支撑。

第五，定额体系是工程质量控制与效率评估的间接保障机制。科学合理的定额标准往往隐含着对施工组织、工艺流程和操作规范的最优实践总结，具有一定的技术指导意义。施工单位在执行定额时，需按照规定的工艺流程组织施工，从而有助于规范作业行为，提升质量一致性。在工程绩效评价中，管理者可通过对比计划定额与实际资源消耗的偏差，分析项目执行效率、发现管理短板，并以此调整激励政策或优化作业方式。例如，若某类工序长期高于定额消耗标准，可能反映出材料浪费、设备低效或工人技能不足的问题，需进一步干预与整改。

第六，定额体系在政策制定与行业监管中也具有重要作用。政府主管部门通过对定额执行数据的收集、汇总与分析，可以掌握行业整体成本水平、施工效率与资源使用趋势，从而为制定投资控制政策、建筑能耗标准、绿色建造评价体系等提供量化依据。在行业标准制修订过程中，定额数据的代表性、普适性与可比性也成为技术参数与经济指标的基础支撑。

综上所述，定额体系在工程建设管理中的作用是系统性、基础性和多维度的。它既服务于单个项目的成本控制与施工组织，也支撑企业的运营管理与市场竞争，更为行业监管与政策制定提供数据基础。在当前高质量发展和数字化转型的时代背景下，构建结构完整、数据精准、动态可调的定额体系，不仅是提升项目管理效能的必然选择，也是建设单位、施工企业和行业组织持续增强管理能力的核心抓手。

1.2 国内外定额体系发展现状

在大型工程项目中，定额体系作为成本控制和资源管理的关键工具，具有不可替代的重要作用。国内外定额体系均在不断发展完善，呈现多元化特点。国际体系注重灵活性与科学性，由行业协会、政府及企业共同参与制定。国内体系形成国家、行业、企业三层管理框架，鼓励企业自主报价、竞争定价，企业定额成为重要手段。

1.2.1 国外定额体系发展现状

在国际工程项目管理中，定额体系普遍应用于基础设施建设、工业生产及其他大规模项目中。许多国家和行业制定了统一的定额标准，用以规范项目中的成本计算和资源配置。国外定额体系在不同国家或地区所呈现的特点，既与各自的历史背景、市场需求和管理模式密切相关，也反映了不同国家之间对工程造价管理理念和实践的迥异理解与应用。美国、英国、日本的工程造价模式对比见表 1-1。

表 1-1 美国、英国、日本的工程造价模式对比

项目	美国	英国	日本
工程量清单计价	不采用	采用	采用
工程量计量规则	具有统一的工程分项标准 未设置全国统一计量规则	具有全国统一的计量规则 《建筑工程工程量标准计算规则》	具有全国统一的计量规则 《建筑数量积算基准》

项目	美国	英国	日本
基础定额系统	无	无	具有全国统一的定额系统《建筑工程标准定额》
造价工程内容	没有固定模式	具有统一规定	由《建筑工程积算基准》规定
定价模式	市场定价	市场定价	市场定价

在美国，由于市场化程度较高，工程造价行业并没有由国家层面制定统一的计价依据与标准，而是侧重发挥市场本身的自主运作能力。对于在建项目，除了主业经营所需费用和业主委托第三方公司编制的建安工程费之外，施工过程中实际发生的各项费用共同构成了项目全阶段的成本。与此同时，估算、概算、预算以及人、材、机的消耗量并非严格依赖统一的定额数据，而是主要通过科学合理的准确数据资料加以控制。行业协会或学会根据本地区实际情况制定相应的单位建筑面积消耗量和基价，提供参考指引；开发商也能根据市场价格变化进行动态调整，在更大程度上实现灵活高效的成本管控。

与美国的市场化路径有所区别的是，英国并不依赖统一的国家定额，而是建立了相对统一且成熟的工程量计算规则，并通过《建筑工程工程量标准计算规则》（SMM）涵盖项目划分、计量单位、计算规则等关键内容，为造价与项目管理奠定共同基础。此外，英国在工程造价领域拥有数百年的实践经验，RICS（皇家特许测量师学会）等行业组织在规范施工项目成本与工期控制方面贡献颇多；政府层面设立的BCIS（建筑成本信息服务部）会对已建工程的成本信息进行收录与整理，并向社会开放，以便为后续类似项目提供数据支撑。通过这种行业与政府相互协作的方式，英国得以形成一套行之有效的造价管理体系。

日本的工程造价管理则以全过程严格管控和量价分离为特色。从可行性研究、设计、施工、监理到竣工及保修，各环节都被纳入严密的成本和质量控制体系之中。日本工程造价管理以《建筑工程积算基准》为计价依据，明确工程费用构成与编制规则；以《建筑数量积算基准》为工程量计算标准，确保计算过程公开、统一；并辅以《建筑工程标准定额》，通过列明人工、材料、机械等资源的标准消耗量，结合市场价格形成细目成本，最终汇总为工程总造价。在实际操作中，日本实行工程量公开、价格保密，强化市场竞争机制，提升计价的合理性与透明度。政府与民间工程采用差异化管理模式，兼顾制度严谨与灵活适应。这种方式与我国的工程量计算方式相似，体现了"量价分离"的思路：在公开工程量的前提下，保留价格部分的竞标或市场调节空间。

在国际工程项目管理领域，定额体系在基础设施建设、工业生产以及其他大规模项目中得到了广泛的应用。其功能在于为成本计算和资源配置提供统一的基准，也为多方协同合作奠定可比性基础。美国的定额管理虽然并未在全国层面形成统一模式，但在建筑、道路建设等基础设施领域已有相对成熟的行业标准，这些标准由行业协会与企业共同参与制定，尤其重视施工工艺、材料成本与人力资源的效率。在高科技领域或大型企业内部，往往会根据自身生产模式和项目特点灵活制定企业定额，以实现更有效的内部资源配置。

相比之下，欧洲的定额管理体系较为成熟，许多国家通过严格的行业标准和法规维护定额的权威性与统一性。例如，英国之外的部分欧洲国家在政府或专业技术组织的主导下，持续更新适用于建筑或工程行业的定额或定额指导文件，为成本与工期的透明化提供了制度保障。

与此同时，一些发展中国家和新兴市场出于引进外资和参与大型国际合作项目的需求，也逐渐建立或完善本国的定额管理体系；在跨国企业或国际承包商的协助下，这些地区会结合各自市场现状与国际行业惯例，制定出更契合实际的项目定额标准。

国外定额体系大体可以概括为以下几个特征：美国依赖市场驱动，企业或行业协会自行制定灵活多变的定额；英国没有国家层面的统一定额，却拥有完善的工程量计算规则和成熟的行业组织，并且有政府部门的支持；日本通过全过程监管与量价分离，将工程量公开化与价格保密相结合，以实现对工程成本与质量的双重把控；在国际层面，不同国家和地区之间的定额制度仍存在明显差异，但在大型跨国合作项目中逐渐趋于兼容与协调。正因如此，国际化背景下的工程建设与管理，必须充分了解各国定额模式的异同，并结合项目目标和当地实际条件，才能有效地控制成本、提高效率并保障建设质量。

1.2.2 国内定额体系发展现状

中国的定额管理体系源自计划经济时期，并随着改革开放以来市场化进程的发展而不断完善。住房和城乡建设部标准定额司颁布和实施了与概预算管理和定额管理相关的政策文件、标准及相关指标，工程造价管理已经初步建立了一套完整的制度体系。现阶段，以"法律规范秩序、公开交易规则、竞争形成价格、监管有据可依"为核心的工程造价管理模式逐渐成熟。政府相关机构逐步转变政府职能，以"健全工程造价形成机制、完善工程计价依据、提升造价公共服务、加强市场监管"为重点，逐步推进工程造价管理改革，相继颁发了《建设工程工程量清单计价规范》、《建设工程价款结算暂行办法》（财建〔2004〕369号）、《建设工程发承包计价管理办法》等系列文件，作为工程造价管理的依据。工程造价管理模式从初期"量价合一"的定额计价，逐步转变为以市场机制为主导的"量价分离"的工程量清单计价，与之相关的管理体制、管理方法逐步完善，形成了全过程工程造价管理模式。当前，国家、行业以及企业层面的定额管理体系共同构成了中国的定额管理框架。

国家定额由相关政府部门制定，是宏观层面上对全国范围内各类建设项目提供的成本参考标准。国家定额体系具有较强的权威性和普适性，涵盖了建筑、交通、水利等多个领域，是项目预算和成本控制的基本依据。

行业定额由不同行业的主管部门或行业协会制定，针对特定行业内的建设和生产项目提供更为细化的成本参考。行业定额通常基于国家定额标准进行调整，更加贴合行业特点，确保项目管理中的精细化成本控制。例如，水利行业有专门的定额标准，用以规范水利工程的建设和维护成本。

企业定额是指各个企业根据自身的运营需求、技术能力和成本控制目标，自行制定的定额标准。企业定额体系在国内外大型工程公司、建筑公司以及国有企业中得到了广泛应用。企业定额标准通常与国家定额或行业定额相结合，通过对企业内部的生产模式、资源配置情况进行优化，进一步提高项目的执行效率。

随着造价市场化改革的深化，企业定额体系的重要性日益凸显。在标准统一的总体框架下，众多建设与施工单位围绕内部项目管理、成本测算和数据资产建设，积极探索与实施定额自主化建设。这一趋势不仅提升了企业的资源配置效率与报价能力，也为行业积累了大量具有实践指导意义的经济数据与管理模型。

2020年7月，住房和城乡建设部发布《工程造价改革工作方案》（建办标〔2020〕38号），进一步明确以市场为主导、企业为主体的工程定价机制改革方向。文件提出，要完善以清单计量、市场询价、自主报价、竞争定价为核心的计价方式，鼓励企事业单位通过信息平台公开发布人工、材料、机械台班价格，提升市场透明度与报价科学性。这不仅为企业开展内部定额建设提供了政策支持，也标志着我国定额体系由"政策主导型"向"市场驱动型"转变的阶段性突破。

当前，定额管理正逐步从传统的成本控制工具向集成化、智能化的工程管理平台转变。特别是在信息化、数字化技术广泛应用的背景下，定额体系的功能已延伸至项目策划、执行、监控与评价等多个环节，成为实现项目全过程、全周期管理的重要基础数据来源。各类建设主体正通过标准统一、数据互通、系统联动等手段，推动定额体系向结构更加合理、运行更加高效、协同更加顺畅的方向发展。

总体来看，我国定额管理体系已初步实现了制度框架成型、管理层级分明、适应机制健全的转型目标。面向未来，继续深化定额体系在标准构建、市场响应、技术集成等方面的协同发展，将是提升工程管理现代化水平、推动建设行业高质量发展的重要路径。

1.3 定额管理体系构建的指导思想与原则

定额管理体系的构建是保障工程项目顺利实施、实现精细化管理、控制成本和优化资源配置的核心步骤。为了确保定额管理体系的科学性和适用性，构建过程中需要明确的指导思想和原则。

1.3.1 定额管理体系构建的指导思想

构建定额管理体系，其总体指导思想应以项目实际需求为基础，确保体系的科学性、系统性和可操作性。定额体系的核心目标是通过标准化管理手段，实现工程项目全过程的精细化管控，优化资源配置，提高工程效益。

定额管理体系的核心目标是控制项目成本。通过为每个施工环节设定合理的定额标准，管理者可以预估项目的实际支出，并通过标准化手段确保各项费用控制在预算范围内，避免超支。

1. 以资源优化为目标

定额管理体系应以资源优化为目标，确保在整个工程生命周期内对人工、材料、机械等资源的高效配置。通过标准化的资源消耗定额，确保资源利用最大化，减少浪费和闲置。

2. 以信息化和智能化为手段

定额管理体系的构建应高度依赖信息化平台和智能化工具。通过信息化手段，定额管理可以实现适时监控、动态调整，并根据施工现场的反馈及时优化。智能化工具（如大数据分析和人工智能）将成为支持定额管理体系高效运行的重要手段。

3. 以可持续发展为导向

定额管理体系的构建必须以可持续发展为导向，确保在项目运行和维护过程中实现资源的合理利用和环境保护。

1.3.2 定额管理体系构建的原则

定额管理体系作为工程建设全过程管理的重要工具，其构建质量直接关系到项目成本控制的科学性、资源配置的合理性以及工程管理水平的系统性。一个高效的定额体系不仅应具备结构完整、逻辑清晰的框架，还必须以一系列系统、严谨且具有前瞻性的原则为支撑，确保其在不同行业、不同地区、不同建设类型中具备广泛的适应性与实用性。

在工程建设管理实践中，构建科学有效的定额管理体系，通常应遵循以下六项基本原则。

1. 科学性原则

定额体系的基础在于其科学性。科学性不仅体现在定额标准本身的准确性和合理性，更体现在其制定方法的客观性与严谨性。无论是人工、材料、机械，还是间接费用与综合指标的设定，都应建立在详实数据的基础之上，依托统计分析、技术测算、现场实测等手段完成。

在实际操作中，应充分考虑影响资源消耗的各类要素，如工艺流程、施工方法、技术装备、环境条件等，确保所制定的定额具有较强的代表性、适用性与可验证性。

通过构建科学的数据采集机制和测算模型，不仅可以提升定额数据的可信度，也为后续的成本分析、资源计划与绩效评价提供坚实支撑。

2. 系统性原则

定额管理体系不是由若干孤立标准的简单集合，而是一个覆盖建设项目全过程、全要素、全维度的综合性管理体系。系统性要求定额在结构上具有良好的内在逻辑关系，在应用上能够贯穿项目从策划、设计、施工到运维的各阶段，在内容上涵盖人工、材料、机械、费用、技术等各类要素。

系统性还体现在与其他管理模块的高度协同。例如，定额数据应可用于预算编制、施工组织、资源调度、采购管理、合同履约及后期结算等多个管理环节，成为工程管理信息系统中的基础数据源。

一个系统化的定额体系应具备数据结构清晰、层级分明、逻辑闭环等特征，能够有效支持复杂工程项目的全过程精细化管理。

3. 适应性与灵活性原则

面对工程建设活动的多样性和不断变化的外部环境，定额体系必须具备良好的适应性和灵活性。不同地区的地理气候、经济发展水平、施工习惯存在差异，不同工程类型对资源消耗的规律也不尽相同，定额标准若一成不变，难以发挥应有的调控与引导作用。

灵活性要求定额体系在保持核心框架稳定的基础上，能够根据实际需要进行调整和优化。例如，在特定施工技术或新型材料应用场景中，原有定额可能不再适用，此时就需引入动态调整机制，快速响应变化。

此外，灵活性也有助于推动定额与施工技术发展相协调，使定额成为促进技术进步与管理提升的驱动因素，而非束缚工程创新的障碍。

4. 透明性与可操作性原则

定额作为工程管理标准的重要组成部分，必须具备较高的透明度和良好的可操作性。透明性指的是定额制定的依据清晰、结构公开、适用条件明确，使使用者能够准确理解各项标准背后的逻辑与适用边界；可操作性则强调其在项目实践中的实际使用便利性，包括数据调用的便捷性、更新的及时性、系统集成的兼容性等。

在实际应用中，应推动定额标准的信息化、模块化管理，提升其在数字化平台中的调用效率。同时，配套的操作指南、标准解释、数据接口等也是保障定额有效执行的重要环节。

一个具备透明性与可操作性的定额体系，能够实现"看得懂、用得上、管得住"，从而真正成为项目管理的有力支撑。

5. 先进性与引导性原则

定额标准不仅是对既有实践的总结，也应承担引导行业发展、推动管理优化的功能。构建定额体系应坚持"平均先进、适度引领"的基本原则，在反映当前主流管理水平的基础上，吸收代表性项目的优秀成果，体现先进技术、绿色理念和数字化手段的集成应用。

先进性意味着定额应适度高于平均水平，形成对资源利用效率、作业组织方式、施工工艺的正向引导；引导性则体现在其对工程项目成本结构的合理塑造、对施工企业管理水平的反映以及对项目经济目标的推动。

通过持续更新和适度调整，定额体系能够在动态中反映行业发展的方向，避免"固化落后模式"的风险。

6. 动态更新与持续优化原则

工程建设活动具有高度的时间敏感性和复杂性，资源价格、技术手段、施工模式等因素在不断变化，定额体系必须具备动态更新的能力，以适应现实的持续演化。

建立以数据反馈为基础的定额优化机制，是保持定额体系活力与适应力的关键。定期收集实际工程项目中的消耗数据与成本信息，通过偏差分析、趋势判断与专家论证，及时修订相关定额指标，确保其始终保持"可用、好用、准确"的状态。

同时，现代信息技术的发展为定额更新提供了有力支撑。通过数据平台、算法模型与在线工具，可实现定额内容的自动分析与智能推荐，推动从"静态文档"向"动态工具"转型，提升体系的反应速度与管理深度。

综上所述，定额管理体系的构建必须在科学性、系统性、适应性、透明性、先进性和动态性等多个维度建立起清晰的原则支撑。这些原则既构成了体系设计的基本逻辑，也决定了其在工程管理实践中的可持续性与实用性。

只有在这些原则的指导下，定额体系才能真正成为覆盖全过程、服务全要素、支撑全周期的标准化管理工具，为工程项目的成本控制、质量提升和管理创新提供坚实保障。

1.4 定额管理体系构建内容

基于前述定额体系构建的指导思想与原则，工程定额管理体系应体现系统性、科学性与实用性的统一，涵盖全过程、全要素、可动态调整的标准体系架构。为实现对工程项目成本、资源、工序及绩效的有效控制，定额管理体系的构成内容应具备结构完整、功能互补、数据关联的特点。

当前在工程建设管理实践中，定额管理体系通常由以下几类核心内容构成：消耗量定额、费用定额、指标定额，以及支撑其运行的信息化平台。这一体系不仅服务于工程项目各阶段的资源调配与成本测算，也是构成推进工程项目精细化与数字化管理的重要基础。图 1-1 为企业内部定额体系主要内容。

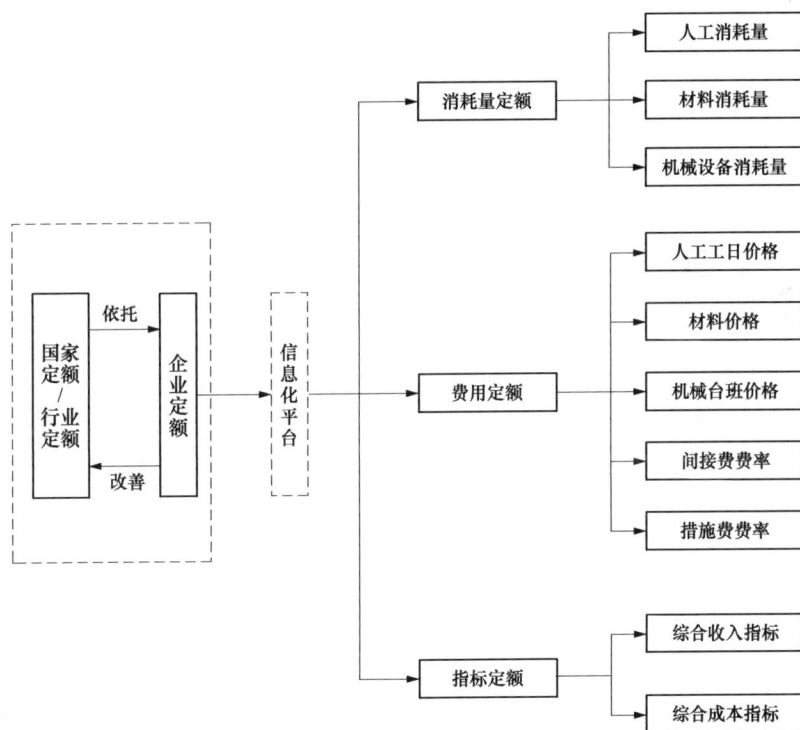

图 1-1 定额体系构建主要内容

1. 消耗量定额

消耗量定额是整个定额管理体系的基础，主要用于规范单位工程量所需的各类资源数量，包括人工、材料和施工机械的合理消耗水平。其核心作用在于为施工组织设计、物资计划编制和工程预算提供定量依据。

该类定额的制定通常基于典型工程项目的实际测定数据，通过技术测量、统计分析、经验推算等方法，结合不同施工工艺与技术水平，形成符合不同地区、项目类型、时间条件下的标准消耗数据。消耗量定额具有广泛适用性，是费用测算和成本控制工作的基本单元。

2. 费用定额

费用定额是在消耗量定额的基础上，进一步综合人工、材料、机械的市场价格变化及相关成本因素，建立的费用计算标准体系。其主要功能是用于编制预算、概算，评估工程投资规模，并为项目经济性分析提供结构化依据。

费用定额通常包含直接费、间接费、措施费、规费等多个组成部分，并需考虑材料损耗率、设备摊销率、施工难度等影响因素。由于价格因素的动态性，费用定额需具备较强的时效性和区域适应性，确保其在工程实施中具有指导效能。

3. 指标定额

指标定额是对历史工程项目经济数据的提炼总结，反映一定时期、一定条件下工程项目的资源投入与产出关系，具有较强的规律性和参考性。其核心功能在于为项目可行性研究、早期投资决策及项目效能评估提供横向或纵向对比标准。

该类定额通常包括单位造价指标、人工使用效率指标、工程类型对比指标等，适用于项目初步阶段的快速测算与方案优选，尤其在招投标管理、投资论证及绩效评价等环节中发挥关键作用。

4. 信息化平台支持

随着工程管理的数字化进程不断推进，定额管理体系的运行越来越依赖于信息化平台的支撑。定额数据作为工程项目管理系统的核心参数，其结构化程度和调用效率直接影响预算、调度、采购、进度等关键模块的运行效果。

通过构建统一的定额管理平台，不仅可以实现定额数据的标准存储、快速查询、动态更新，还能实现与BIM模型、造价软件、进度控制系统的有效联动，形成从项目策划到竣工结算的数据闭环。此外，信息化平台还能为定额标准的优化提供数据反馈基础，提升其可持续管理能力。

综上所述，定额管理体系的构成不仅体现在技术分类层面，更体现为一个动态整合的数据与管理系统。消耗量定额、费用定额与指标定额相互关联，信息化平台为其提供运行载体与反馈机制。构建科学、全面、可实施的定额管理内容，是实现工程建设全过程精细化控制和提升项目管理效能的关键环节。

第2章 南水北调中线工程及其定额体系建设

2.1 南水北调中线工程介绍

南水北调中线工程作为长距离调水工程的典型，是中国现代历史上规模极为庞大和复杂的基础设施项目之一，旨在解决中国北方地区长期存在的水资源短缺问题。该工程通过将长江水系的水资源调往北方，缓解北方严重的水资源危机，对国家经济社会的可持续发展具有重要意义。

2.1.1 南水北调工程背景及意义

南水北调工程的提出可以追溯到20世纪50年代。随着中国经济的快速发展和人口的急剧增长，北方地区的水资源需求大幅增加。然而，北方的自然水资源分布极为不均，严重制约了区域经济社会的发展。

中国的水资源分布极不均衡，南方地区水资源丰富，北方地区则水资源匮乏。北方的华北、黄淮等地区由于降水量少，河流湖泊稀少，长期面临水资源短缺的问题。尤其是华北平原和京津冀地区，作为中国重要的农业和工业生产基地，对水资源的需求巨大，水资源的短缺导致该地区的地下水超采、生态环境恶化等问题愈加严重。

随着北方地区人口和工业规模的不断扩大，水资源短缺成为制约区域发展的重大瓶颈。为了保障北方地区的经济社会可持续发展，同时解决日益严峻的生态环境问题，中国政府在多次论证后，决定实施南水北调工程，将南方富余的水资源调配至北方。这一战略性水资源配置工程，不仅是解决北方地区水资源短缺的重要举措，也是国家层面优化水资源配置、促进区域协调发展方面的一项重大决策。

南水北调工程横跨南北，涉及长江、淮河、黄河、海河四大水系，建设规模空前。工程分为东线、中线和西线三条调水线路，各条线路根据不同的地形和水系特点，采取了不同的调水方式和技术手段。

东线工程主要利用京杭大运河的河道，将长江下游的水源通过泵站提升，沿大运河向北调水，最终为山东、江苏等地提供用水。东线工程总长1467km，沿途经过多座泵站，涉及多项水利设施建设，调水过程中需要克服较大的地形高度差。

中线工程是南水北调工程的核心部分，调水源自丹江口水库，途经湖北、河南、河北等省份，最终到达北京、天津等地。中线工程全长1432km，是南水北调工程中规模最大、受益范围最广的部分。中线工程的建成使得北京、天津等大城市的水资源短缺问题得到缓解，极大地改善了这些地区的供水状况。

西线工程规划将长江上游的水源引入黄河上游流域，调节青藏高原地区的水资源分布。

南水北调工程对中国的经济社会发展、生态环境改善和国家战略布局具有极其重要的意义。其影响不仅局限于水资源的供给，更涉及多个方面的系统性改进。

1. 缓解北方地区水资源短缺问题

南水北调工程直接向北方地区供水，有效缓解了长期困扰这些地区的水资源紧缺问题。尤其是京津冀地区，定位是以首都为核心的世界城市群，水资源的充足供应对于该地区的持续发展至关重要。通过南水北调工程，北京和天津等地的供水问题得到了明显改善，为当地的工业、农业和城市居民提供了稳定的水资源保障。

2. 促进区域经济协调发展

南水北调工程通过实现南北水资源的合理配置，推动了中国东部、中部和北部地区的经济协调发展。东线和中线工程的建成通水，不仅为沿线的经济发展提供了水资源支持，还促进了区域经济的联动和基础设施的建设，为实现国家层面的区域均衡发展目标奠定了基础。

3. 生态环境修复与保护

南水北调工程的实施不仅改善了北方地区的水资源状况，还为当地的生态环境修复提供了重要支持。长期以来，华北地区的地下水超采导致了严重的环境问题，如地面沉降、河流断流等。南水北调工程通过向这些地区输送地表水，有效缓解了地下水超采的局面，促进了生态环境的恢复与保护。

4. 保障国家水资源安全

南水北调工程作为中国水资源安全战略中的重要组成部分，极大地提升了国家整体水资源的安全水平。通过跨区域的水资源调配，中国在应对水资源危机、自然灾害以及气候变化带来的不确定性时，具备了更强的调控能力和应对措施，为国家的长远发展提供了重要的水利支撑。

南水北调工程是中国应对北方水资源短缺问题的一项战略性工程，其背景、规模与重要性无可替代。通过跨区域的水资源调配，南水北调工程不仅缓解了北方地区的供水危机，促进了区域经济的协调发展，还为中国的生态环境修复和水资源安全提供了重要保障。随着工程的不断推进，南水北调工程将在未来继续发挥其重要作用，助力中国实现可持续发展目标。

2.1.2 南水北调中线工程的特点

南水北调中线工程从丹江口水库引水，途经湖北、河南、河北，最终抵达北京和天津。工程地理跨度大，涉及多个省份，施工环境和调水条件各不相同，具有以下显著特点：

1. 超长距离引调水

中线工程横跨数个省份，调水距离极长。超长距离的引水工程意味着在施工和运行过程中需要进行精细化的资源配置和资金管理，特别是在调水线路的沿线维护和管理中，每一段线路的施工条件和水资源需求均不同，对定额管理提出了高度精确的要求。

2. 多样的地理环境与施工条件

中线工程跨越了平原、山地和河谷等多种地形，并且需要穿越多条大型河流、运河和基础设施。这种复杂的地理环境导致施工过程中工艺差异大，涉及的土建工程、隧道工程、桥梁建设等施工种类繁多。定额管理体系需要能够根据不同的地理条件和施工环境灵活调整，以适应这些差异。

3. 多种工程技术与工艺结合

为了实现水资源的高效引调，中线工程采用了多种水利技术和施工工艺。除了常规的土建施工外，工程中还涉及水下施工、机电设备安装和调试、泵站建设等复杂技术。这种多技术并行的特性使得定额管理需要涵盖不同专业和工种的具体需求，确保各类工序的成本精确控制。

4. 长期运行与维护需求

南水北调中线工程不仅涉及建设期的施工管理，还涵盖未来的长期运行和维护。随着调水工程的长期使用，沿线的管道、泵站、隧道等设施将面临频繁的检修和维护需求。定额管理体系需要能够提供长期维护和检修定额，确保设施运行的稳定性和可持续性。

2.2 南水北调中线工程定额管理体系的现实需求

由于中线工程的特殊性和复杂性，其对定额管理体系提出了多方面的具体需求。定额管理体系不仅需要在预算编制和成本控制方面发挥作用，还要涵盖施工过程中的资源管理、质量控制以及后期的运行维护。

1. 全方位覆盖的定额体系

南水北调中线工程涉及土建绿化、机电检修、安全保卫、工程巡查、调度值班等多项工作内容，因此定额管理体系必须是一个覆盖全方位的综合管理体系。具体来说，定额体系不仅要涵盖施工期间的土建、机电等大项工程，还要细化到每一个分项工程，并根据不同工种设立相应的定额标准。

2. 动态调整和适应性

由于工程建设周期长，外部市场环境（如材料价格、劳动力成本）的变化会对预算产生影响。定额管理体系需要具备动态调整的能力，能够根据市场波动及时调整定额标准。同时，由于中线工程跨越多个气候和地理条件，定额标准还需要根据当地实际情况进行区域性调整，确保各段工程的定额标准符合当地的施工环境和资源条件。

3. 精细化的成本控制与管理

定额管理体系的核心功能之一是确保工程的成本控制。在南水北调中线工程中，任何一个施工环节的费用超支都会对整体预算产生巨大影响。定额管理体系需要对每一个施工环节的资源消耗进行精细化管理，从人工费用到材料、机械台班的使用都需要有明确的定额标准。这种精细化的管理可以帮助项目方监控工程进展中的资金使用情况，避免不必要的成本浪费。

4. 长期维护定额的设定

中线工程作为一项长期运行的国家战略性基础设施，未来的运行和维护是不可避免的。定额管理体系需要为未来的设施检修、设备更换、运行维护等设置相应的定额标准，确保工程在长期使用中能够得到合理的维护，并保障其运行的高效性和安全性。

5. 信息化与智能化需求

南水北调中线工程体量庞大，传统的定额管理方式难以满足复杂多变的施工管理需求。信息化与智能化定额管理体系成为工程管理的必然选择。通过信息化平台，管理者可以获取施工进度和资源使用情况，并根据定额标准及时进行调整和优化。此外，智能化工具（如大数据分析和人工智能）能够帮助管理者预测未来的资源需求和市场波动，进一步优化定额标准和资源配置，提升管理效率。

综上所述，南水北调中线工程的复杂性和规模决定了构建一个系统化、精细化且灵活的定额管理体系的必要性。该体系不仅需要涵盖广泛的施工工种和工序，还要具备应对市场变化和区域差异的能力。此外，定额管理体系需要为长期运行和维护提供有力支持，并通过信息化和智能化手段提升管理效率与准确性。南水北调中线工程的顺利实施依赖于这一体系的有效运行，确保工程的成本控制、资源优化以及后期管理的有序进行。

2.3　南水北调中线工程定额管理体系的构建框架

在南水北调中线工程这样的大型基础设施项目中，定额管理体系是项目管理的核心工具之一。它为工程项目的资源消耗、人工费用、材料使用及机械设备的运营提供了标准化的管理依据，确保项目在预算内顺利推进。

面对工程建设管理过程中涉及的多工种、多环节、多周期管理挑战，建立一套科学、系统、可持续的定额管理体系，成为保障工程全生命周期运行的核心抓手。通过标准化的定额管理，项目管理者能够实现对资源消耗、费用支出和施工进度的全面控制，确保项目在预算内高效运行。总体框架的构建包括定额标准制定、预算编制与资金管理、施工过程中的监督与调控，以及信息化和智能化的应用，确保整个体系具有灵活性和可持续性。

2.3.1　构建定额管理体系的关键要素

定额管理体系的总体框架应覆盖工程的各个阶段和多个层面，包括预算编制、工程过程管理、资源调配、质量控制及后期维护等。构建一个完善的定额管理体系，通常需要以下几个关键要素。

1. 定额标准的制定

定额标准是整个定额管理体系的基础，是对项目中每个施工环节所需资源的标准化规定。定额标准的制定需要基于项目的实际需求、行业规范和历史数据，确保标准具有科学性和可操作性。

（1）人工定额标准。人工定额标准规定了每个施工环节所需的工时和工人数量，确保人工费用的合理性。这一标准需要结合项目的规模、施工复杂程度以及行业工种的市场价格来制定，以确保人力资源的高效使用。

（2）材料定额标准。材料定额标准明确了每个施工环节中各类材料的消耗量，确保材料的使用与项目需求相匹配。通过科学计算材料的定额标准，能够避免材料的浪费或短缺问题，确保施工顺利进行。

（3）机械设备定额标准。机械设备的使用也是定额管理的重要部分。机械设备定额标准规定了每台设备在项目中所需的使用时间、维护成本和能耗，确保设备的高效运作与合理调配。

2. 预算编制与资金管理

定额管理体系的另一个关键环节是通过定额标准为项目的预算编制提供依据，确保预算的精确性和可控性。预算编制是项目执行的第一步，直接决定了项目的资金配置和成本控制策略。

（1）预算编制流程。基于定额标准，项目的预算编制流程应当涵盖项目所有的施工环节和资源需求。通过将各类人工、材料、设备的定额汇总，形成一个科学的预算方案，并根据实际需求进行调整。

（2）资金管理与分配。定额管理体系在项目实施过程中还需要对资金进行科学的管理与分配。根据项目的进展情况，系统将资金分配到各个施工环节，确保每个环节的资金使用符合定额标准。

3. 施工过程中的定额管理

施工过程中的定额管理是整个定额管理体系的核心部分，可以确保项目的实际资源消耗与定额标准保持一致，并通过监督和数据反馈，及时调整和优化施工方案。

（1）资源调配。通过定额管理体系在施工过程中对人工、材料和设备的使用进行监督，确保每个环节的资源配置和消耗符合定额标准。如果实际消耗与定额标准出现偏差，能提醒管理者及时调整资源调配，避免资源浪费或短缺。

（2）进度控制与质量管理。在定额管理体系的框架下，施工进度和质量管理是通过严格执行定额标准来实现的。定额标准为每个施工环节设定了明确的进度和质量要求，确保项目按计划推进并达到预期的施工质量。

4. 定额管理的信息化

随着工程规模的扩大和管理需求的提高，信息化和智能化技术在定额管理体系中的应用越来越重要。通过信息化平台，管理者能够实现对定额标准的动态管理和监督，确保项目的高效执行。

（1）信息化平台的应用。信息化平台是定额管理体系的重要组成部分，通过平台，管理者可以获取施工进展、资源使用和资金分配情况。平台不仅能够提高定额管理的透明度，还能够实现定额标准的自动调整，确保系统的灵活性和适应性。

（2）智能化工具的辅助决策。通过大数据分析和人工智能技术，定额管理体系能够为管理者提供更为精确的决策支持。例如，系统可以根据历史数据预测未来的资源需求，优化材料采购和设备使用方案，提升项目管理效率。

5. 反馈与持续优化机制

定额管理体系是一个动态系统，需要通过持续的反馈和优化机制，确保其在项目全生命周期内始终保持高效运行。通过定期的反馈机制，项目管理者能够根据实际情况调整定额标准，确保系统的适应性和灵活性。

（1）反馈机制。施工过程中的实际资源消耗和费用支出需要定期进行汇总和分析，形成数据反馈，帮助管理者及时发现问题并调整定额标准。

（2）持续优化与改进。定额管理体系需要根据反馈结果进行持续优化，确保系统能够随着市场价格、资源状况和施工条件的变化灵活调整，保持定额标准的科学性和合理性。

2.3.2　构建定额管理体系的核心目标

定额管理体系的构建旨在通过系统化、标准化的管理手段，为工程项目提供科学、高效的成本控制与资源配置方案，从而全面提升项目的经济效益、管理水平和可持续性。其核心目标具体体现在以下几个方面。

1. 提供标准化的成本控制与资源配置工具，提升项目执行效率

定额管理体系通过制定科学、合理的定额标准，为项目管理者提供精准的成本测算依据。在工程项目的规划、设计、施工及运维阶段，管理者可依据定额数据对人力、材料、机械等资源进行精细化测算，避免资源浪费或短缺，确保成本控制在合理范围内。同时，标准化的定额管理能够优化资源配置，减少人为估算的偏差，提高资金使用效率，从而增强项目的经济性和可执行性。例如，在大型基建项目中，定额标准可帮助管理者准确预测材料采购需求，优化施工进度安排，降低因资源调配不当导致的工期延误或成本超支风险。

2. 确保工程长期运行与维护的高效管理，延长设施使用寿命

定额管理体系不仅关注项目建设阶段的成本控制，更注重工程的长期运维管理。通过建立涵盖设备维护、能源消耗、人工投入等方面的运维定额标准，该体系能够为工程的全生命周期管理提供科学依据。以南水北调中线工程为例，定额管理可帮助运维团队制定合理的维护计划，优化备品备件库存管理，降低突发性故障风险，从而保障工程长期稳定运行。此外，科学的定额管理还能促进设施的健康监测和预防性维护，减少因管理不善导致的设备损耗，有效延长工程设施的使用寿命，降低全生命周期成本。

3. 提升管理透明度与科学性，优化决策过程

定额管理体系通过数据标准化和流程规范化，增强管理过程的透明度和可追溯性。

在传统管理模式下，工程项目的成本核算和资源分配往往依赖经验判断，容易受到主观因素影响，导致决策偏差。而定额管理体系的引入，使得各项成本指标和资源配置标准清晰可查，减少人为干预，提高管理的客观性和科学性。例如，在投资编制、预算审核等关键环节，定额数据可作为重要参考依据，帮助管理者做出更加精准、公正的决策。此外，结合信息化管理手段，定额数据可实现动态更新和智能分析，进一步提升管理效率，推动工程项目向数字化、智能化方向发展。

结合上述关键因素，通过构建土建工程维修养护、信息机电工程检修、工程监测运行维护、安保巡查工作的定额管理体系，建立一套全面且精细化的管理框架（见图2-1）。

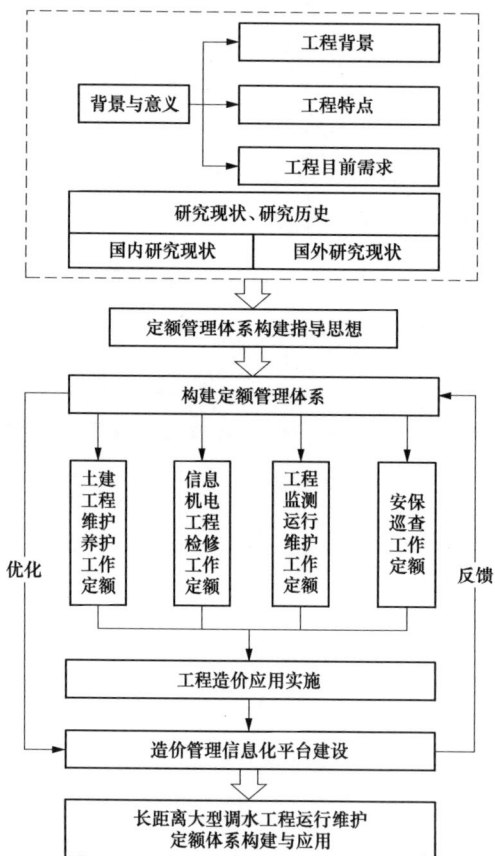

图 2-1　长距离大型调水工程运行维护定额体系构建与应用研究总体框架图

本书通过构建土建绿化工程、水下衬砌板、机电检修、安全监测、安全保卫、工程巡查、调度值班等方面的定额管理体系，为南水北调中线工程的高效管理提供了科学依据。这一定额体系的目标是确保项目在施工、运行及维护中的成本控制、资源管理和安全保障，支持项目的长期成功与可持续发展。

2. 4　南水北调中线工程定额体系内容

近年来，南水北调中线工程在定额管理方面的工作，充分体现了定额管理体系对大规模调水工程运维的重要性。2020 年完成了土建绿化、水下衬砌板修复项目定额的编制，为渠道和沿线的绿化工程，以及衬砌板的水下维修提供了更加科学、准确的费用测算依据。2023 年针对前期定额进行了修编，提升了相关工作的精细化管理水平，使既有定额标准更加符合工程现场实际需求。近两年陆续完成了信息机电工程检修工作定额、安全监测日常项目定额及综合单价、安保工巡调度值班定额及综合单价的编制。这些新定额的出台，覆盖了南水北调运行维护的重要环节，为后续形成更加全面、系统的定额管理体系打下了坚实基础。从上述工作可见，南水北调中线工程正逐步构建涵盖多专业、多维度的定额管理体系，努力实现运维成本的精准管控。与过往的零散式管控模式相比，系统化、动态化的定额管理体系能够更加明确、透明地量化各项运维工作所需的人力、物力与资金投入。

2. 4. 1　土建工程维修养护工作定额

土建工程维修养护工作是南水北调中线工程的重要组成部分，主要包括土建绿化工程维修养护日常项目和水下衬砌板修复项目等内容。

土建绿化工程维修养护日常项目由土建工程和绿化工程两部分组成。其中，土建工程是南水北调中线工程中的基础部分，涉及大量土石方工程、混凝土浇筑、钢筋绑扎等施工环节。土建定额为每一类土建工程提供详细的定额标准，涵盖人工费用、材料使用、机械设备的操作成本等。这一体系的目标是确保在大规模的土建施工中实现成本控制，并为管理者提供可靠的预算编制依据。绿化部分是为了保证工程沿线的生态环境恢复与可持续发展，绿化定额涵盖了植被维护保养、绿化设施维修等环节的费用。通过设立标准化的绿化定额，确保每个绿化项目都能在预算内高效执行，并为后续的维护工作提供长期保障。

水下衬砌板作为南水北调中线工程中重要的一环，扮演着保护渠道结构稳定的关键角色。该部分属于土建工程中的专项施工内容，专门针对水下环境设计，旨在确保输水渠道的长期安全运行与高效输水能力。

2. 4. 2　信息机电工程检修工作定额

在南水北调中线工程中，机电系统的正常运行对于调水任务的成功至关重要。机电设备的安装、调试、运行及后期的检修维护是保证工程长效运行的关键环节。因此，本书的研究目标之一是建立一套覆盖全生命周期的信息机电工程检修工作定额管理体系。

（1）安装与调试。机电系统的初期安装与调试是南水北调中线工程的重要组成部分，涉及泵站、阀门、输水管道等设备的装配与调试。信息机电工程检修工作定额将对这些施工环节提供详细的定额标准，确保在设备安装与调试阶段的费用得到有效控制，并为未来的维护工作奠定基础。

（2）日常运行与检修。设备在长期运行过程中，需要定期进行维护和检修，以确保其正常工作并延长使用寿命。信息机电工程检修定额将为泵站、管道及其他设备的日常检修提供标准化的定额依据，包括人工费用、检修材料以及机械台班的使用。通过细化检修定额，能够有效预估检修成本，并保证在不影响调水任务的情况下进行设备的维护与更新。

2.4.3　工程监测运行维护工作定额

工程监测运行维护中安全监测内容是重要环节，在大型水利工程项目如南水北调中线工程中占据着举足轻重的地位，它是确保工程安全稳定运行、及时发现并处理潜在安全隐患的重要手段。工程监测运行维护工作定额主要针对安全监测部分进行编制，安全监测定额涵盖了多个方面，旨在全面、系统地监控工程的运行状态，预防事故的发生，保障人民生命财产安全及工程的长期效益。

2.4.4　安保巡查工作定额

作为国家战略性基础设施项目，南水北调中线工程不仅需要精确的施工和设备维护，还需要确保安全管理、工程巡查以及调度值班等方面的规范化运作。这些领域的定额是确保工程安全、稳定运行的重要内容。

（1）安全保卫定额。安全保卫工作是南水北调中线工程运行中的核心环节，涵盖沿线设施的安全监控、人员安保、突发事件的应急处理等内容。安全保卫定额将根据不同的安保任务设定定额标准，包括人员配备、安防设备使用及日常维护费用等。这一体系的建立旨在确保工程沿线设施的安全，防止破坏行为或其他突发事件的发生。

（2）工程巡查定额。工程巡查工作是确保工程沿线设施正常运转的重要手段，涉及水利设施的日常检查、渠道清淤、设备巡查等。定额将为巡查工作的各个环节提供详细的定额标准，包括人员配置、巡查设备使用及巡查频率等，以保证巡查工作能够高效开展，并及时发现和解决潜在的问题。

（3）调度值班定额。调度值班是确保整个工程调水计划顺利实施的关键环节，涉及调水方案的制定、执行及日常的调度管理等工作。调度值班定额将涵盖值班人员的配置、设备使用以及应急管理等费用，确保在调水过程中实现精准控制，并及时应对突发情况。

第3章 土建工程维修养护工作定额

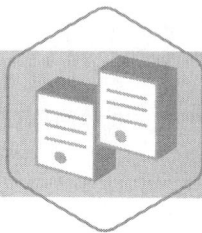

3.1 土建工程维修养护工作定额的内容及应用需求

在南水北调中线工程中，土建工程维修养护工作由土建绿化工程维修养护日常项目和水下衬砌板修复两大核心工作构成。其中，土建绿化工程维修养护日常项目包括排水沟修护、混凝土破损修复、局部轻微缺陷处理、绿化工程维护以及绿化灌溉设施维护等；水下衬砌板修复项目主要包括水下衬砌板的拆除、浇筑等相关作业内容。针对土建工程维修养护工作内容的特点，分别编制了土建绿化工程维修养护日常项目定额和水下衬砌板修复项目定额。

3.1.1 土建绿化工程维修养护日常项目定额

在南水北调中线工程中，土建绿化工程维修养护日常项目定额是用于合理确定工程维修养护费用的重要工具，适用于整个中线干线的日常维修养护项目。这一定额主要涵盖土建工程和绿化工程的多项工作内容，包括渠首至终点各段的建筑物、渠道、附属设施以及绿化工程的维护和修复工作。

本定额内容适用于排水沟破损修复、防浪墙修复等土建工程维修养护日常项目，乔木维护、灌木维护、草坪维护等绿化工程维修养护日常项目，以及维修养护通用项目及措施项目。

1. 土建绿化工程维修养护日常项目定额内容

土建绿化工程维修养护日常项目定额由土建工程维修养护日常项目定额、绿化工程维修养护日常项目定额、以及维修养护通用项目及措施项目定额三部分内容构成，具体内容如下。

（1）土建工程维修养护日常项目定额内容。土建工程维修养护日常项目定额涵盖的项目包括排水沟修复、裂缝/伸缩缝/结构缝处理、混凝土破损修复、砌体/垫层修复、局部轻微缺陷处理、排水、清淤、栏杆/防护（抛）网修复、道路/桥梁维修养护、标识/标牌/

标语修复、建筑装修/装饰工程维修、其他工程维修等。

1）排水沟修复。定额中包含了排水沟破损修复、坡面排水沟破损修复、截流沟积水（找平）处理、截流沟边坡破损修复、截流沟底部格栅维修、排水沟篦子（盖板）更换、排水管（孔）修复、横向排水管更换、排水沟横向支撑等内容，适用于土建工程的防洪排水设施。

2）裂缝、伸缩缝、结构缝处理。包括伸缩缝修复、结构缝修复、混凝土裂缝修复、衬砌板裂缝处理、护坡混凝土裂缝处理、坡面土（岩）体裂缝处理及浆砌石坡面裂缝处理等内容。

3）混凝土破损修复。涵盖了混凝土冻融剥蚀处理、坡面混凝土框格修复、坡肩混凝土破损修复、防浪墙修复、衬砌板修复、混凝土截流沟修补、挡水坎破损修复、翼墙护坡混凝土修复、消力池破损处理、混凝土构筑物轻微破损修复及预制混凝土块修复（含截流沟、坡面）等内容。

4）砌体、垫层修复。包括浆砌石破损修复、干砌石破损修复、格宾石笼修复、铅丝石笼（坡脚冲刷处理）、连锁砖破损修复、砌筑砖及垫层等内容。

5）局部轻微缺陷处理。涵盖雨淋沟处理、外坡坡脚积水长期浸泡处理、不均匀沉降错台处理、土体滑塌处理、坡面土（岩）体滑塌处理、沉陷处理、洞穴兽穴蚁穴处理、坡顶挡水墕修复、建（构）筑物防渗处理、竖井内壁防潮板维修等内容。

6）排水、清淤。主要包括排水和清理淤泥两部分内容。

7）栏杆、防护（抛）网修复。包括防护网（防抛网）修复、栏杆（护栏）维修、波形护栏修复、刺丝滚笼修复、隔离墩修复等工作内容。

8）道路、桥梁维修养护。包括道路基层、路面、路缘石、路面标线、警戒色涂刷、台阶步道破损修补、错车平台修复、墩、柱基础抛石修复、其他道路桥梁设施等。

9）标识、标牌、标语修复。涵盖了水位标示尺、标识标牌标语、警示柱、百米桩修复、轮廓标更换等。

10）建筑装修、装饰工程维修。包括防水渗水修复、墙面维修、室内外地面修复、门窗及防护栏修复、屋顶维修、室内屋顶天花板维修、楼梯间维修、建筑物落水管维护、散水破损处理、电缆沟修复等内容。

11）其他工程维修。包括盖板维修，爬梯维护，拦漂（冰）索和拦鱼网维修，水面保洁，建筑垃圾清理，大门、围墙维修，室外供、排水管网维护，室外运动场地修复，室外车棚、雨棚、宣传栏维修，园区照明设施维修，白蚁防治，闸站日常生活设施维护及其他工程等。

（2）绿化工程维修养护日常项目定额内容。绿化工程维修养护日常项目定额涵盖的项目包括绿化工程维护、场地整理、绿化灌溉设施维护、其他设施维护等。

1）绿化工程维护。包括草体及草坪维护、地被维护、乔木维护、灌木维护、绿篱色块维护、竹类维护、攀缘植物维护、花卉维护、水生植物养护及防护设施维修等。

2）场地整理。涵盖场地整理、土壤改良及土工格栅更换等内容。

3）绿化灌溉设施维护。指管道安装更换、电缆安装更换、管道附件安装更换、设备安装更换维护、配电箱安装更换维护及沟槽挖填等。

4）其他设施维护。包括仿真草坪修复、木栈道维护、草坪灯安装等。

（3）维修养护通用项目及措施项目定额内容。除了土建工程维修养护日常项目和绿化工程维修养护日常项目的定额，针对南水北调中线工程还制定了维修养护通用项目及措施项目定额，这些定额应用于项目管理中的其他重要环节。

1）维修养护通用项目定额。适用于土石方开挖工程、砌石工程、混凝土工程、喷锚工程、其他工程。

2）措施项目定额。指安全防护措施，包括脚手架工程、安全网及其他措施工程。

南水北调中线工程中土建绿化工程维修养护日常项目定额不仅适用于工程的日常维护，还能用于工程量较大的维修和改造项目。这些定额在工程量清单、预算编制和合同管理中具有重要的指导作用，确保工程的每一阶段都有明确的成本依据和管理标准。此外，定额还考虑到不同地区的差异性，如工程沿线跨越了多个省份，涉及不同的气候条件、地质结构和施工要求，这使得定额编制充分具备了实际操作性和区域适应性。通过明确土建绿化工程维修养护日常项目定额的内容及应用范围，南水北调中线工程能够实现标准化的维修养护管理，从而保障工程的长期稳定运行和经济效益。

2. 土建绿化工程维修养护日常项目定额应用需求

在南水北调中线工程中，土建绿化工程维修养护日常项目定额的应用需求主要源于项目的规模庞大、运行时间长、工程线路长，以及工程维护环境复杂。为了确保工程的稳定运行和各类设施的正常使用，必须建立一套科学合理的定额，用于指导工程维护中的预算编制、成本控制和施工标准化。土建绿化工程维修养护日常项目定额在南水北调中线工程中的主要应用需求有：

（1）维修养护成本的精准控制。南水北调中线工程包括众多的土建和绿化维修养护项目，这些项目的日常维修养护工作需要大量资金。为了避免预算超支和资金浪费，制定一套精确的土建绿化工程维修养护日常项目定额显得尤为重要，具体体现在量化成本和作为预算编制依据两个方面方面。

1）量化成本。通过标准化的定额，可以量化每个项目所需的人工费、材料费和机械费。例如，针对排水沟修复、绿化灌溉设施维护等具体工程项目，定额能够明确其所需的成本构成和施工量，有效控制各项维修和养护工作中的费用支出。

2）作为预算编制依据。南水北调中线工程的土建绿化工程维修养护日常项目定额为预算编制提供了科学依据。各分公司可以根据定额确定每项维修工作的具体预算，确保项目整体预算合理且可控，避免因费用估算不准而造成成本波动。

（2）工程的标准化管理。由于南水北调中线工程跨越多个省份，涉及不同地理、气候和工程环境，项目维护工作存在较大的复杂性和差异性。因此，土建绿化工程维修养护日常项目定额的应用需求还体现在对工程维护工作的标准化管理上，实现了统一的施工标准，并提升了管理效率。

1）统一施工标准。定额为工程施工提供了统一的技术和成本标准，确保在不同区域、不同施工条件下，各类维护工作的流程和质量能够保持一致。例如，混凝土修复、植被维护等项目，定额明确了所需的材料规格、施工工艺和成本，这使得各分公司在执行过程中可以按照统一标准进行操作。

2）提升管理效率。通过标准化的定额，各管理单位能够迅速获取维修养护项目的成本信息，缩短了预算编制和项目审批的时间。同时，定额在施工工序的细分上也有助于提高工作效率，如通过定额计算明确人工、机械和材料的消耗量，从而减少施工中的资源浪费。

（3）应对区域价格差异。土建绿化工程维修养护维修项目涉及大量材料和人工的使用，南水北调超长距离的特性可能对项目预算产生重大影响。因此，土建绿化工程维修养护日常项目定额的另一个应用需求是应对区域价格差异。南水北调中线工程跨越河南、河北、北京等多个地区，不同地区的人工、材料成本存在差异，定额提供了根据区域差异调整预算的方法。这有助于在不同省份内灵活应对成本的不同需求，同时确保预算编制的准确性。

（4）提高工程维修养护质量。定额的合理使用不仅仅在于成本控制，更在于通过科学的定额在保证工程施工质量的同时，减少返工和浪费，从而提高工程维修养护质量。

1）保证工程施工质量。通过对定额的合理使用，施工单位能够准确了解项目中所需的材料和工序，从而确保各项维修工作能够按照标准完成，减少因不合理的成本控制而导致的偷工减料问题。例如，混凝土的修复定额明确了每项工序的人工、材料需求，确保施工质量符合预期。

2）减少返工和浪费。标准化定额可以有效减少施工中的浪费和返工现象。通过对每一项施工项目的细致量化和成本分析，能够有效避免资源的过度使用和不必要的施工返工，从而提高工程效率。

综上所述，土建绿化工程维修养护日常项目定额的应用需求主要围绕成本控制、标准化管理、应对市场波动、提升工程质量以及满足长效维护需求等方面展开。这些需求是确保南水北调中线工程顺利实施和长期运行的重要保障。

3.1.2 水下衬砌板修复项目定额

目前南水北调中线一期工程通水已 8 年多，受地下水、季节冻融、恶劣天气变化等因素影响，渠道两侧的局部衬砌板出现了隆起、开裂等现象。水下衬砌板修复项目定额是确定修复南水北调沿线渠道出现局部破损衬砌板修复费用的依据，定额主要包括水下衬砌板预制混凝土修复、水下衬砌板现浇混凝土修复、水下衬砌板修复措施项目。

1. 水下衬砌板修复项目定额内容

（1）水下衬砌板预制混凝土修复：包括水下摸排检查、混凝土衬砌板拆除、混凝土衬砌板预制、基础处理、复合土工膜修复、保温板修复、混凝土预制板运输、混凝土预制板水下安装、预制板结构缝嵌填等。

（2）水下衬砌板现浇混凝土修复：包括水下摸排检查、水下围挡制作安装（如有）、破损衬砌面板拆除、复合土工膜修复、保温板拆除和铺设、基础面黏土开挖、模板制作安装、水下不分散混凝土浇筑、压重碎石袋打捞清理、模板拆除及验收摄像等。

（3）水下衬砌板修复措施项目：包括简易围堰制作与安拆和全围堰制作与安拆。

南水北调中线工程中水下衬砌板修复项目定额的应用范围涵盖了从项目初期摸排检查、混凝土修复到围堰制作、验收及成品保护的整个修复过程。通过定额的应用，确保了施工各个环节的成本可控、资源合理分配，并为工程预算的科学管理提供了重要支撑。

2. 水下衬砌板修复项目定额应用需求

南水北调中线工程作为一项规模宏大、投资巨大、涉及范围广、影响深远的战略性基础设施，其建设管理的复杂性和挑战性都是以往工程建设中不曾遇到的。南水北调定额在水下衬砌板施工和维护中的应用需求可总结为以下几个方面。

（1）施工难度和环境因素的综合考虑。水下衬砌板的施工环境复杂，涉及水下作业、潜水操作等特定技术要求，因此，定额的编制不仅要包括常规施工项目，还需特别考虑水下作业的特殊需求。例如，潜水设备的使用、潜水员和辅助人员的工作量，必须结合水下工作环境的难度、施工场地狭小、工作面分散等因素进行调整。这些特殊条件需要在定额中详细体现，以避免因环境限制导致的施工延误或资源浪费。

（2）材料和机械的合理消耗。水下衬砌板在施工过程中，涉及大量的材料消耗，包括混凝土、钢筋、土工膜、保温板、胶黏剂等。这些材料的消耗量在定额中有明确规定，并应根据施工进展的不同阶段做出合理分配。此外，施工中使用的机械设备，如柴油发电机、空气压缩机、潜水装备、起重机等，其台班费和消耗量也在定额中详细列出。这些资源的合理使用和精确计算，是确保项目预算和成本控制的关键。

（3）劳动强度与人工费用的精准核算。南水北调中线工程中的水下衬砌板施工涉及大量的人工操作，特别是在水下环境中，潜水员的工作强度较大。定额中详细列出不同工种的人工费用，包括潜水总监、潜水员、潜水辅助员等的工日消耗量。定额中还包含了综合人工的计算方法，确保项目预算能够准确反映出施工过程中消耗的人工成本。此外，人工费用应依据市场标准，并结合施工工艺的复杂性和工作时间合理调整。

（4）保证质量和安全的附加费用。在水下衬砌板的定额中，还需要考虑额外的安全保障费用及文明施工费。例如，为确保水下施工的安全性，项目需配备相应的防护设备、监控设备、潜水设备等，这些都属于附加费用范畴。文明施工费则包括场地的整洁、安全标志的设置、工地环境的保护等。这些附加费用在定额中占有一定比例，是保证施工质量和安全的重要组成部分。

（5）定额的多样性与灵活性。南水北调中线工程中的水下衬砌板施工，既包括新建施工，也涉及大量的维护和修复工作。根据不同的施工需求，定额划分为预制混凝土修复和现浇混凝土修复等多种类型，每种类型对应不同的工作内容、材料、机械和人员消耗量。这种定额的多样性确保能够灵活应对工程中的各种需求，无论是小范围修复还是大规模的施工项目。

（6）预算编制的灵活性。定额已经列出了主要的材料价格和机械台班费用，在实际施工中，可根据材料价格随市场波动的情况对综合单价进行灵活调整。预算定额中的材料和人工价格为指导性价格，实际应用时可以根据最新的市场价格或项目需求进行调整，从而确保预算的灵活性和可调整性。

南水北调中线工程中，水下衬砌板修复项目定额的制定为施工中的成本控制、资源分配和进度管理提供了科学依据，确保工程按计划顺利推进。

3.1.3 土建工程维修养护工作定额特性

南水北调中线工程中的土建工程维修养护工作定额具有其独特的特点和设计逻辑，这些特性确保了工程维护过程中能够精确反映工程的实际情况、控制成本，并提高工程的效率和质量。

1. 定额的区域适应性

南水北调中线工程途径河南、河北、北京、天津等四省市。由于各地的人工、材料、机械费用存在显著差异，定额编制充分考虑了区域性差异，通过不同地区的市场调研和成本测算，对人工、材料及机械费进行了地区性调整，以确保预算的合理性。

（1）人工费用的区域加权。定额中对人工费用进行了区域加权计算。例如，在河南、河北、北京、天津等地，由于劳动成本不同，定额通过调研各地区的人工费用，按比例加权计算，确保预算能适应各地实际情况。

（2）材料和机械费用的差异化处理。不同地区的材料供应和施工条件差异较大，定额通过市场价格对比机制，对材料和机械费用进行了细致划分，确保预算中考虑到了区域性差异，从而避免了"一刀切"的情况。

2. 项目的综合性与细致性

土建工程维修养护工作定额涵盖了土建工程、绿化工程，以及水下衬砌板修复工程等多个方面，项目分类细致且全面，确保了所有维修和施工项目都能找到相应的定额支持。

（1）涵盖全面的项目范围。定额基本覆盖了南水北调中线工程日常运行中可能遇到的所有施工需求。例如，土建部分定额包括了排水沟修复、裂缝处理、砌体修复等工序，绿化部分则包含灌木、乔木的维护与移植等。

（2）项目划分详细。定额不仅涵盖了每个项目章节，还对不同章节内容进行了详细的划分。例如，在排水沟修复中的排水沟破损修复子节，细分了排水沟砂浆找平处理、预制排水沟、浆砌石排水沟砂浆抹面修复等具体定额，确保每个细小环节都有明确的预算支持。

3. 定额的灵活性与可调整性

南水北调中线工程中土建工程维修养护工作定额的设计充分考虑了施工条件、市场价格等方面的变化，具有较高的灵活性和可调整性，能够根据施工环境的变化进行相应调整。

（1）动态调整机制。定额允许根据市场价格的波动进行适当调整。例如，在土建绿化工程维修养护日常项目定额中的价格标准可以根据最新市场价格进行调整。这种机制确保了预算的准确性，不会因为市场价格波动而导致预算偏差。

（2）适应施工环境变化。不同施工条件对工程造价的影响较大，定额可根据现场实际情况进行调整。例如，遇到复杂的施工环境或突发情况时，可以通过参考相关工程的定额标准，适当地调整预算，从而保证施工和维护的灵活性。

4. 定额的准确性与标准化

定额在设计阶段兼顾准确性与标准化，通过科学的计算方法与统一的施工标准，为工程预算提供了可靠依据，确保其合理性与可操作性。

（1）定额的科学计算。定额编制过程中采用了多种方法，包括现场实测法、统计分析法和类比推算法，确保每个定额项目的消耗量和费用标准具有科学依据。例如，绿化工程中对每种植物的维护与修复工作量，通过现场实测，结合历史数据，得出合理的预算标准。

（2）标准化施工流程。定额对每个施工项目的材料、人工和机械消耗量进行了标准化处理，确保施工过程中的资源使用能够按标准执行。例如，在混凝土修复中，定额中明确了每平方米修复面积所需的混凝土量、人工工时和机械台班，这样能有效减少施工过程中可能出现的浪费。

5. 定额的长期适应性

由于南水北调中线工程运行时间长、工程设施种类繁多，定额的长期适应性显得尤为重要。定额设计时不仅考虑了短期内的预算需求，还为未来长期的维修、养护和改造留有余地。

（1）满足长期维修需求。定额为工程的长期运行和维护提供了明确的成本依据，尤其在材料消耗和人工费调整方面，充分考虑了未来可能的变化。例如，绿化工程中的灌溉设施维修、植物更新等项目，定额设置了适应不同季节和气候条件的费用标准，确保长期的养护工作能够有章可循。

（2）更新机制。定额具备良好的更新机制，能够随着市场变化、工程进展以及政策调整进行定期更新。例如，2023 年版定额是对 2020 年版的进一步修订，吸收了最新的市场信息和施工经验，以确保其长期有效性。

6. 施工过程中定额的可操作性

定额在设计上兼顾科学性、合理性与实用性，具备良好的可操作性，有助于施工单位与管理人员高效进行预算编制和成本管理。

（1）简便易用的定额。定额简洁明了，便于施工方在实际操作中快速查阅和使用。例如，定额项目的分类清晰，施工单位可以直接通过定额找到对应的费用标准，从而快速编制预算、制定施工计划。

（2）预算编制工具的配套使用。为了便于各方操作，定额通常与预算编制软件和工具配套使用，这使得工程管理者能够快速导入定额数据进行成本核算和分析，提升了管理效率。

7. 考虑环保和旧料利用

在定额编制过程中，特别考虑了环保原则和旧料的再利用。定额中明确提出，实际施工中可以利用旧料，并据此调整材料消耗量和费用，避免不必要的材料浪费。这一原则不仅符合现代环保理念，还有效地控制了施工成本。这种环保导向的定额编制方法有助于提升南水北调中线工程的可持续性，同时减少了材料浪费和施工现场的环境影响。

8. 量价分离，确保灵活调整

定额编制中坚持"量价分离"的原则，即只列出工程所需的人工、材料和机械的消耗量，实际费用则依据市场价格进行动态调整。这个原则的好处在于，随着市场材料价格、人工费用的变化，定额能够灵活适应不同的市场环境。同时，这种编制方式避免了因为价格波动带来的预算偏差，确保定额具有持续的适用性和灵活性，适应长周期工程的预算管理。

9. 定额协调统一

在水下衬砌板修复项目定额中，为了同土建绿化整体的定额计价体系保持一致，还考虑了定额耗量调整系数，通过调整时间综合利用系数和综合人工扩大系数，使得定额协调统一。

（1）时间综合利用系数。本次现场实测时，主要以定额工作内容的单个工序为观测对象，只统计了人工及机械有效的工作时间，未考虑开工前准备、工序间交接、必要的休息时间及完工结束等时间，在测定的人工、机械定额耗量基础上统一考虑时间综合利用系数。

（2）综合人工扩大系数。根据现场调研，工长、高级工、中级工和初级工的实际综合人工工资约为定额中用于计算综合单价的人工工资的 3 倍左右，因此为体现现场实际工资水平及人力成本投入，故在综合人工定额耗量分析时统一考虑综合人工扩大系数。

综上所述，南水北调中线工程中的土建绿化、水下衬砌板修复项目定额具有区域适应性、项目全面性、灵活性、标准化、长期适应性、良好的可操作性等特点。这些特性为工程的日常维护和长期运行提供了强有力的支撑，确保工程能够高效、规范地进行维修养护。

3.2 定额编制要点

3.2.1 定额编制原则

在南水北调中线工程中，土建绿化工程维修养护日常项目定额和水下衬砌板修复项目定额的编制过程严格遵循科学的编制原则，这些原则确保了定额的合理性、精确性和适用性，为工程的维修养护提供了坚实的成本控制基础。

1. 全面考虑、统筹兼顾原则

定额编制过程中坚持全面考虑和统筹兼顾的原则。这一原则要求编制人员在设计定额时，既要考虑到南水北调中线干线工程的共性特点，又要充分关注不同工程部分的个性和特殊性，具体体现在：

（1）共性与个性结合。南水北调中线工程的土建绿化工程维修养护、水下衬砌板更换工程涵盖了渠道、建筑物、附属设施等多种设施，每一种设施的维护需求和施工条件都不相同。因此，定额编制时既要综合考虑这些设施的共同特征，如材料消耗和施工流程，又要研究它们的差异性，制定相应的定额标准，确保每种工程类型都得到精准的预算支持。

（2）多因素综合考量。在编制过程中，定额不仅考虑了工程性质和地理位置的差异，还考虑了设施的新旧程度、使用条件等多种因素，确保定额适应不同工程和地区的实际需求。例如，在河南和河北段的定额编制中，考虑到这些区域的气候和地质条件差异，定额设计相应做了区域性的调整。

2. 依法合规、科学合理原则

定额的编制严格遵循国家现行的政策法规，确保符合法律要求的同时，也保障了定额的科学性和合理性。

（1）遵循政策法规。在定额编制的过程中，参照了国家和地方相关的政策法规，如《水利工程设计概（估）算编制规定》、各地的市政设施维修养护定额、园林绿化消耗量定额等，确保定额标准与政策相符。例如，定额编制过程中引用了《河北省市政设施维修养护预算定额》《河南省高速公路养护预算定额》等地方标准，对工程中的人工费用和机械台班费用进行了合理测算。

（2）科学合理性。定额编制过程采用了科学的计算方法，结合了各类工程的实际施工条件，确保定额具有合理性。例如，在确定人工费用和机械费用时，使用了现场实测法、统计分析法等多种科学手段，保证了每个项目的预算能够反映实际施工中的消耗量和成本。

3. 方便实用、简明适用原则

定额的编制不仅需要具备科学性和合理性，还需确保在实际应用中具备较强的可操作性。因此，编制过程始终坚持方便实用、简明适用的原则。

（1）方便实用。为了确保定额在实际施工和预算编制中的应用效果，定额的编制注重其可操作性。在定额项目的划分上，力求做到齐全、合理，以满足实际施工的需求。例如，在土建工程维修养护工作定额中，对各类项目的工程内容进行细致划分，使相关人员能够方便地找到对应的定额标准，从而降低了预算编制的难度。

（2）简明易用。编制时尽量简化了定额项目的表达方式，确保定额说明和定额项目的工程内容准确、简洁。例如，在确定定额单位时，力求使用简单明了的统计单位，减少了可能出现的模糊和不便，确保施工和预算编制人员能够快速理解和应用。

4. 精确量化、动态调整原则

定额的编制始终遵循精确量化的原则，确保每个定额项目的消耗量和费用标准都具备明确的量化依据，同时具备动态调整能力，以应对市场价格变化。

（1）精确量化。在定额编制的过程中，通过细致的工程分析和现场测量，确保每个项目的材料、人工、机械消耗量都能进行精确量化。例如，在编制绿化相关定额时，现场测量了不同种类植物的维护和修复所需的材料和人工消耗量，并结合历史数据进行了精确核算。

（2）动态调整能力。定额设计中还考虑了市场价格的动态变化因素。随着材料、人工和机械费用的市场波动，定额中的费用标准能够根据最新的市场价格进行动态调整，确保预算的合理性和与时俱进。例如，定额中为人工费、材料费等设置了动态调整机制，当市场价格发生变动时，预算编制可据此进行适当调整。

5. 工程的特殊性与多样性原则

南水北调中线工程中涉及的土建工程维修养护项目种类繁多，施工条件复杂多变，因此，定额编制时必须充分考虑工程的特殊性和多样性，制定出适应多种施工条件的定额标准。例如，渠道的防渗处理、绿化工程中的灌溉设施维护、衬砌板的修补等都具有特殊的技术要求。定额编制时针对这些特殊需求，制定了专门的消耗标准和费用测算方法，确保特殊工种和技术条件下的预算准确合理。

6. 质量与安全保障原则

定额编制还严格遵循了质量控制与安全保障原则。定额不仅要确保预算准确，更要确保施工过程中能够达到预期的质量标准，保障施工安全。

（1）质量控制。定额中的每一项预算标准都经过了严格的质量控制。例如，在土建工程中，定额不仅对材料的用量进行了精确测算，还确保了不同材料的规格和标准符合工程施工的质量要求，避免因预算不足或材料使用不当而导致工程质量问题。

（2）安全保障。施工安全是定额编制中的重要考虑因素。定额中包含了对施工安全的费用估算，例如安全防护设施、施工现场管理等费用都在定额中有明确规定，确保在项目实施过程中，能够充分保障施工人员的安全。

综上所述，南水北调中线工程中的土建工程维修养护工作定额编制遵循了全面考虑、依法合规、简明适用、精确量化、特殊性与多样性、质量与安全保障等原则。这些原则确保了定额的科学性、适用性和可操作性，使得定额不仅能够满足项目的预算编制需求，还能确保项目的高效实施和长期运行。

3.2.2　定额编制方法

1. 编制依据

土建工程维修养护工作定额的编制依据以国家及水利行业标准为核心编制依据，参考行业技术标准及南水北调公司管理文件，以及合同文件和现场实测资料为现实支撑，具体如下：

（1）国家及水利行业标准。该套定额的编制，严格遵循国家和水利行业现行的相关法律法规及政策性文件，确保定额的合法性与行业适配性。在计价政策方面，主要依据了《水利工程设计概（估）算编制规定》（水总〔2014〕429 号），该文件明确了水利工程项目设计阶段的概（估）编制原则和方法，为定额结构与费用体系提供了总体框架。

同时，按照《水利部办公厅关于印发〈水利工程营业税改征增值税计价依据调整办法〉的通知》（办水总〔2016〕132 号）和《水利部办公厅关于调整水利工程计价依据增值税计算标准的通知》（办财务函〔2019〕448 号），对相关税费标准进行了相应调整，保证定额成果的合规性。

编制工作还参考了《水利建筑工程概算定额》（水总〔2002〕116 号）、《水利建筑工程预算定额》（水总〔2002〕116 号）、《水利工程施工机械台时费定额》（水总〔2002〕116 号）以及《中国潜水打捞行业协会空气潜水作业指导价格》等行业指导文件，进一步提升了定额在不同类型项目中的实用性与完整性。

此外，定额中有关安全生产费用的提取与使用，严格参照《企业安全生产费用提取和使用管理办法》（财资〔2022〕136 号）和《水利部办公厅关于调整水利工程计价依据安全生产措施费计算标准的通知》（办水总函〔2023〕38 号）的规定，确保安全管理费用的合理、规范计取，提升工程建设的安全保障水平。

（2）行业技术标准及南水北调公司管理文件。在遵循国家与行业标准的基础上，定额编制紧密结合南水北调工程自身的管理实践与专业要求，充分体现了工程属性与管理特色的统一性。编制过程中，重点参考了《南水北调中线干线渠道工程维修养护标准》《南水北调中线干线输水建筑物维修养护标准》《南水北调中线干线左排建筑物维修养护标准》等一系列由南水北调中线干线工程管理单位发布的专项技术标准，覆盖建筑结构、渠道设施、附属工程等多个工程类型。这些标准不仅为定额项目划分和技术内容设定提供了依据，也有助于统一工程计量方法和技术水平。

针对土建绿化工程维修养护工作定额，编制工作还特别参考了《南水北调中线干线工程土建工程维修养护技术标准》和《南水北调中线干线工程绿化工程维修养护技术标准》以及历年发布的综合单价与标准化工程量清单文件，形成了与南水北调工程日常运维实际紧密结合的计价体系。

此外，编制单位系统收集了项目相关的设计文件、已批准的设计报告、施工实施方案及历年试行成果评审意见，并充分吸收各级单位的实践经验与反馈建议，在确保科学性、规范性的基础上，增强了定额成果的系统性、可操作性与持续适应性。

（3）合同文件和现场实测资料。合同不仅为定额的费用构成、计算方法和技术标准提供法律依据，也在很大程度上限定了定额编制的技术边界与管理要求。

在资料收集方面，编制团队通过大量实地调研与数据采集，获取了涵盖人工、材料、机械等资源要素的详细实测消耗数据。这些数据直接来源于施工现场，真实反映了施工过程中的资源投入情况，是构建定额项目单价、调整消耗量指标的重要依据。同时，调研过程中还广泛收集了各类设计文件、施工图纸、施工组织设计方案、工艺流程图及操作说明书等第一手资料，确保了工程量测算的准确性与资源消耗量的合理性。

为增强定额的适用性与实践价值，编制单位还深入分析了已完工项目的投标文件、合同文本、结算资料等成果文件，系统梳理典型项目在计价实践中的问题与经验。此外，积极吸收各分公司提出的修订意见，结合项目实施中暴露出的难点和特例，对部分定额项目进行了针对性优化和调整，从而确保定额成果不仅具有理论上的准确性，也具备广泛的现场适应能力和推广价值。

2. 编制思路

首先是对于人工消耗量的编制，根据土建绿化工程维修养护日常项目和水下衬砌板修复项目的作业特点不同，分别展开研究。

对于土建绿化工程维修养护日常项目定额的研究编制，广泛搜集了河南省、河北省、北京市、天津市等地的人工预算单价文件和工程造价信息，通过对 2020—2023 年的人工预算单价进行深入分析计算，结合南水北调中线工程在各地区的具体长度，采用加权计算的方法，得出了这一时期的人工平均价差。在此基础上，对 2023 版预算定额的人工预算单价进行了合理调整，实现了人工预算单价的地域无差异化，这样既体现了地区间的差异，又确保了定额的统一性和广泛适用性。

针对水下衬砌板修复项目定额的研究编制，首要步骤是明确编制方法，具体涵盖人工、材料及机械三大消耗量的确定策略。在人工分类及其消耗量层面，依据最新的水下衬砌板修复施工工艺，并综合考量现场人力资源配置情况，同时确保与土建维修养护定额的协调一致，将人工细致划分为潜水总监、潜水员、潜水辅助工及综合人工四大类别。通过运用写实法，紧密跟踪现场施工进度，依据标准化工序清单，科学划分施工过程并精确记录各工序的时间节点，进而深入剖析并计算出基本单位的人工耗量。

其次，在材料消耗量的确定上，采取现场技术测定与统计法相结合的方式，以获取主要材料的有效消耗量。同时，对于其他未明确列出的材料费用，依据预制混凝土施工过程中的垫块、自制溜槽，以及水下衬砌板拆除起吊过程中的吊耳等实际需求，以费率的形式表示，并以主要材料费作为取费基数。

最后，至于机械消耗量的计算，充分考虑到潜水作业的特殊性，将潜水服、安全背带、潜水头盔、潜水脐带、小控制面板、空气潜水电话等专用设备视为潜水装备，并按"组时"进行统一考量。同样采用写实法，结合标准化工序清单，对现场施工进度进行细致记录，进而科学分析并得出基本单位的机械耗量。

3. 编制方法

南水北调中线工程中土建绿化、水下衬砌板修复项目定额的编制是一项复杂且严谨的工作，旨在确保预算的准确性、合理性以及实际操作中的可行性。编制过程采用了多种科学方法，并结合工程实际情况，通过实地调研、数据分析和行业对比，形成了一套系统的定额标准。

（1）比较类推法。比较类推法是土建工程维修养护工作定额编制过程中广泛采用的一种方法，通过对已知的定额项目进行类比推算，得出新的定额标准。具体的操作步骤如下：

1）项目特征描述。根据定额编制过程中每个项目的工作内容和项目特征描述，首先查找相关行业已有的预算定额子目。例如，在土建工程中的混凝土破损修复和排水设施维护中，参考了市政、园林绿化等行业的定额标准。

2）类推相似项目。针对工作内容相似或相同的工序，选择具有代表性的项目作为典型进行推算。例如，护坡修复中的混凝土护坡硬化处理、灌木移植等子目，都是通过比较相关行业类似项目的预算标准，结合实际工程特点推算出合理的预算定额。

3）类推方法适用范围。这一方法尤其适用于新建项目或现有定额中没有明确标准的工序。例如，在排水沟砂浆找平处理、拦冰索更换等项目中，参考了市政工程相关的定额，进行类推计算。

（2）统计分析法。统计分析法是通过对已完成的历史项目进行数据统计和分析，得出常用的施工参数和定额标准的方法。具体而言，该方法主要包括对历史数据的全面统计分析和对经验与实测结果的综合运用，从而确保定额标准具有较强的准确性和实用性。

1）历史数据统计分析。通过收集大量已经完成的类似项目数据，尤其是各分公司或管理处的投标资料、项目施工数据等，整理出相应的价格水平、工序耗费和机械台班消耗量等数据。例如，在确定灌木和乔木移植的人工费和材料费时，统计了多年来相关工程的实际消耗数据，确保定额标准符合现场施工的实际情况。

2）经验和实测结合。除了数据分析，还结合了现场技术专家的经验和实际测量结果，进一步校准定额标准。例如，在水下衬砌板施工中，通过对实际施工过程中消耗的人工、材料和机械费用进行统计和分析，最终确定了科学合理的预算标准。

（3）现场实测法。现场实测法是通过对施工现场的实际测量来获取消耗量和定额标准的编制方法。在南水北调中线工程中，许多项目的定额通过现场实测法得出，确保了定额的准确性和实用性。该方法包括两个方面的内容：一是基于施工现场对各工序人工、材料、机械等消耗量的实测记录；二是对同类工序在不同现场的实测数据结合经验进行平衡分析，提取平均值以形成统一的定额标准。

1）现场测量工序消耗量。通过实地测量各个施工工序中人工、材料、机械的消耗量，记录施工中每个工序所需的具体资源。例如，在水下衬砌板施工预制混凝土衬砌板修复中，实地测量了潜水员水下操作所需的人工工日和预制混凝土板等材料耗量。这些测量数据经过分析处理后，得出准确的消耗标准。

2）实际消耗的平衡。对于同类工序的消耗量，经过多个现场的测量和经验平衡后，综合出一个平均的定额标准。例如，在绿化工程中的灌溉设施维护中，通过对不同工地的实际数据测算，确定了预制混凝土衬砌板修复的标准工时和材料用量。

（4）分项核算法。分项核算法是将一个项目的不同工作内容分解为若干个子项目，再对每个子项分别核算人工、材料、机械等资源的消耗量，最终汇总形成科学合理的定额标准。

1）工序细化和分解。在定额编制过程中，将每一个大项的工作内容细分为若干工序，再分别核算这些工序的费用。例如，在排水沟修复工程中，将工作细化为拆除、砂浆找平、沟槽修复、排水管安装等多个子项目，再分别对每一项工作进行核算，最后汇总成完整的预算定额。

2）综合定额核算。通过分项核算的方式，可以确保每一个小工序都有精确的预算支持，从而在整体核算时更加精确。例如，在混凝土结构修复的预算编制中，将裂缝修补、表面修复、砂浆找平等工序分别核算，最后形成整个修复项目的定额标准。

南水北调中线工程中的土建工程维修养护工作定额编制采用了多种方法，包括比较类推法、统计分析法、现场实测法、分项核算法，这些方法确保了定额的科学性、准确性和适用性，使得工程的预算编制更加精确、合理，并能够有效控制施工成本。

3.3　预算构成

土建工程维修养护工作预算由工程费用、其他费用、预备费三部分组成。

3.3.1　工程费用

1. 工程费用构成

土建工程维修养护工程费用包括土建绿化工程维修养护日常项目工程费用、水下衬砌板修复项目工程费用。

其中，土建绿化工程维修养护日常项目工程费用由土建工程维修养护日常项目工程费用和绿化工程维修养护日常项目工程费用组成。

土建工程维修养护工程费用构成如图 3-1 所示。

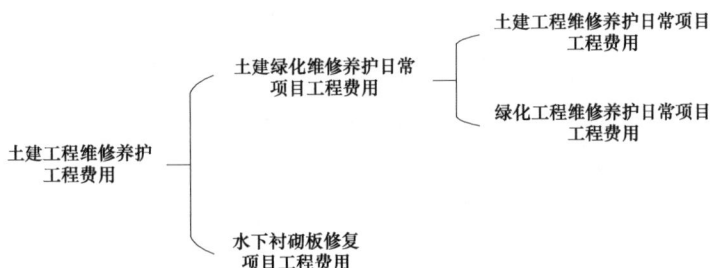

图 3-1　土建工程维修养护工程费用构成图

工程费用是按照项目的工程量乘以综合单价进行计算。工程量根据南水北调中线干线土建绿化工程维修养护日常项目、水下衬砌板修复标准化工程量清单并结合工程实际情况确定维修养护项目工程量。

2. 综合单价

综合单价由直接费、企业管理费、利润、规费、安全文明施工费、税金组成，如图 3-2 所示。

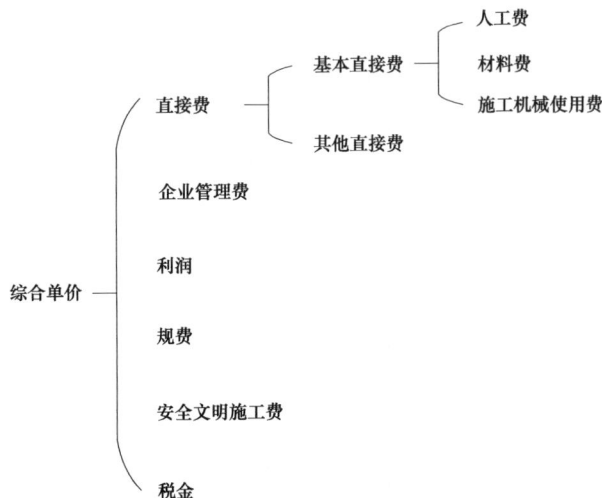

图 3-2　土建工程维修养护综合单价构成图

（1）直接费。直接费是指维修养护工程施工过程中直接消耗在工程项目上的活劳动和物化劳动费用，包括基本直接费和其他直接费。基本直接费包括直接消耗在产品中的人工费、材料费和施工机械使用费，其他直接费包括为保证工程顺利实施而发生的冬季施工增加费、雨季施工增加费、生产工具用具使用费、检验试验费和成品保护费。

1）基本直接费。基本直接费由人工费、材料费和施工机械使用费组成。

a. 人工费。人工费是指支付给从事建筑安装工程施工的生产工人和附属生产单位工人的各项费用，包括工资、奖金、津贴补贴、加班加点工资以及特殊情况下支付的工资。其中，特殊情况下支付的工资是指根据国家法律、法规和政策规定，因病、工伤、产假、计划生育假、婚丧假、事假、探亲假、定期休假、停工学习、执行国家或社会义务等原因支付的工资。人工费按定额人工消耗量乘以人工预算单价计算。

定额人工消耗量包括基本用工、超运距用工、辅助用工、人工幅度差四项内容。其中，基本用工是指完成施工任务所需的直接人工工日；超运距用工指在运输距离超过定额规定标准时，因额外搬运所增加的人工消耗；辅助用工包括材料准备、工具搬运、现场清理等间接劳动，是保障施工顺利进行的重要支持环节；人工幅度差是指预算定额与劳动定额由于定额水平不同而引起的水平差，包括工序交叉、搭接停歇等所消耗的时间。

b. 材料费。材料预算价格是指施工过程中耗费的构成工程实体的原材料、辅助材料、构配件、零件、半成品的费用及损耗费用。内容包括材料原价、材料供销综合费、材料包装费、材料运输费、材料采购保管费、其他损耗费。

（a）材料原价。材料原价是指材料的出厂价格或商家供应价格，按除税价格计入。

（b）材料供销综合费。材料供销综合费指需通过物资部门供应而发生的经营管理费用。

（c）材料包装费。材料包装费是为了便于材料运输和保护材料而进行包装所需的一切费用。

（d）材料运输费。材料运输费是指材料自来源地运至工地仓库或指定堆放地点所发生的全部费用。

（e）材料采购保管费。材料采保费是指为组织采购、供应和保管材料过程中所需要的各项费用。

（f）其他损耗费。其他损耗费指包括在运输、储存和施工过程中材料的自然损耗、破损、剪切损失等。

c. 施工机械使用费。施工机械使用费是指施工作业所发生的施工机械、仪器仪表使用费，其中仪器仪表使用费是指工程施工所需使用的仪器仪表的摊销及维修费用。施工机械使用费按定额机械消耗量乘以机械台班预算单价计算。

施工机械使用费按施工机械台班耗用量乘以施工机械台班费计算，施工机械台班费由折旧费、大修理费、经常修理费、安拆费及场外运费、人工费、燃料动力费、税费七项费用组成。

（a）折旧费。折旧费指施工机械在规定的使用年限内，陆续收回其原值的费用。

（b）大修理费。大修理费指施工机械按规定的大修理间隔台班进行必要的大修理，以恢复其正常功能所需的费用。

（c）经常修理费。经常修理费指施工机械除大修理以外的各级保养和临时故障排除所需的费用。包括为保障机械正常运转所需替换设备与随机配备工具附具的摊销和维修养护费用，机械运转中日常保养所需润滑与擦拭的材料费用及机械停滞期间的维修养护费用等。

（d）安拆费及场外运费。安拆费指施工机械（大型机械除外）在现场进行安装与拆卸所需的人工、材料、机械和试运转费用以及机械辅助设施的折旧、搭设、拆除等费用；场外运费指施工机械整体或分体自停放地点运至施工现场或由一施工地点运至另一施工地点的运输、装卸、辅助材料及架线等费用。

（e）人工费。人工费指机上司机和其他操作人员的人工费。

（f）燃料动力费。燃料动力费指施工机械在运转作业中所消耗的各种燃料及水、电等。

（g）税费。税费指施工机械按照国家规定应缴纳的车船使用税、保险费及年检费等。

2）其他直接费。其他直接费包括为保证工程顺利实施而发生的冬季施工增加费、雨季施工增加费、生产工具用具使用费、检验试验费和成品保护费。

a. 冬季施工增加费。冬季施工增加费是指建筑工程在冬季施工期间，为保障工程质量、安全和进度，采取必要的防寒保温、工艺调整等措施所发生的专项费用。

b. 雨季施工增加费。雨季施工增加费是指工程在雨季施工时，为克服降雨影响而采取的防护、排水等措施所增加的费用。

c. 生产工具用具使用费。生产工具用具使用费是指施工过程中使用的未列入固定资产的小型生产工具、器具、仪器等的购置、摊销和维护费用。

d. 检验试验费。检验试验费是指对建筑材料、构配件和工程实体质量进行检测、试验所发生的费用。

e. 成品保护费。成品保护费是指对已完工程部位或半成品采取保护措施，防止后续施工造成损坏的费用。

（2）企业管理费。企业管理费是指工程实施过程中，为工程服务而不直接消耗在特定产品对象上的费用，是施工企业组织施工生产和经营管理所发生的费用。企业管理费内容包括管理人员工资、办公费、差旅交通费、固定资产使用费、工具用具使用费、劳动保险和职工福利费、劳动保护费、检验试验费、工会经费、职工教育经费、财产保险费、财务费、税金及其他。企业管理费以定额人工费、施工机械使用费之和为基数，按照一定百分比计算。

1）管理人员工资。管理人员工资是指按规定支付给管理人员的工资等。

2）办公费。办公费是指企业管理办公用的文具、纸张、账表、印刷、邮电、书报、办公软件、现场监控、会议、水电、烧水和集体取暖降温（包括现场临时宿舍取暖降温）等费用。

3）差旅交通费。差旅交通费是指职工因公出差、调动工作的差旅费、住勤补助费，市内交通费和误餐补助费，职工探亲路费，劳动力招募费，职工退休、退职一次性路费，工伤人员就医路费，工地转移费以及管理部门使用的交通工具的油料、燃料等费用。

4）固定资产使用费。固定资产使用费是指管理和试验部门及附属生产单位使用的属于固定资产的房屋、设备、仪器等的折旧、大修、维修或租赁费。

5）工具用具使用费。工具用具使用费是指企业施工生产和管理使用的不属于固定资产的工具、器具、家具、交通工具和检验、试验、测绘、消防用具等的购置、维修和摊销费。

6）劳动保险和职工福利费。劳动保险和职工福利费是指由企业支付的职工退职金、按规定支付给离休干部的经费，集体福利费、夏季防暑降温、冬季取暖补贴、上下班交通补贴等。

7）劳动保护费。劳动保护费是企业按规定发放的劳动保护用品的支出。如工作服、手套、防暑降温饮料以及在有碍身体健康的环境中施工的保健费用等。

8）检验试验费。检验试验费是指施工企业按照有关标准规定，对建筑以及材料、构件和建筑安装物进行一般鉴定、检查所发生的费用，包括自设试验室进行试验所耗用的材料等费用。不包括新结构、新材料的试验费，对构件做破坏性试验及其他特殊要求检验试验的费用和建设单位委托检测机构进行检测的费用，对此类检测发生的费用，由建设单位在工程建设其他费用中列支。但对施工企业提供的具有合格证明的材料进行检测不合格的，该检测费用由施工企业支付。

9）工会经费。工会经费是指企业按《工会法》规定的全部职工工资总额比例计提的工会经费。

10）职工教育经费。职工教育经费是指按职工工资总额的规定比例计提，企业为职工进行专业技术和职业技能培训，专业技术人员继续教育、职工职业技能鉴定、职业资格认定以及根据需要对职工进行各类文化教育所发生的费用。

11）财产保险费。财产保险费是指施工管理用财产、车辆等的保险费用。

12）财务费。财务费是指企业为施工生产筹集资金或提供预付款担保、履约担保、职工工资支付担保等所发生的各种费用。

13）税金。税金是指企业按规定缴纳的房产税、车船使用税、土地使用税、印花税等，还包括城市维护建设税、教育费附加和地方教育附加等。

14）其他。其他包括技术转让费、技术开发费、投标费、业务招待费、绿化费、广告费、公证费、法律顾问费、审计费、咨询费、保险费等。

（3）利润。利润是指工程项目根据市场情况应计入建筑安装工程费用中的盈利。利润以定额人工费与施工机械使用费之和为基数，再按固定百分比计算。

（4）规费。规费是指按照国家行政主管部门规定必须缴纳的费用和企业计提的费用，包括基本养老保险费、失业保险费、医疗保险费、生育保险费、工伤保险费、住房公积金等费用。规费以定额人工费与施工机械使用费的总和为基数，再按照固定百分比计算。

（5）安全文明施工费。安全文明施工费是指施工企业按照安全文明施工与健康环境保护规范，在施工现场所采取的安全文明保障措施所需的费用。安全文明施工费由环境保护费、文明施工费、安全施工费用、临时设施费等组成。

1）环境保护费。指施工现场为达到环保部门要求所需要的各项费用。主要包括：施工现场施工机械设备降噪、防扰民、建筑材料密闭存放或采取覆盖等措施费；工程防扬尘洒水费；渣料外运车辆冲洗、防洒漏等措施费；现场污染源的控制、现场水质保护、生活垃圾清理外运、场地排水排污等措施费。

2）文明施工费。是指按照国家现行的建筑施工安全、施工现场环境与卫生标准和有关规定，购置和更新施工防护用具及设施、改善安全生产条件和作业环境所需要的费用。主要包括：工程项目建设中"五牌一图"、现场围挡的墙面美化等费用；现场生活卫生、饮水、淋浴、消毒、防煤气中毒、防蚊虫叮咬、临时厕所等设施费用；施工现场操作场地硬化、绿化费用；治安综合治理费用；现场配备医药保健器材、物品和急救人员培训费用；现场工人的防暑降温设备及用电费用等。

3）安全施工费。指施工现场安全施工所需要的各项费用。主要包括：安全资料、特殊作业专项方案的编制费用，安全施工标志的购置、安全宣传、评估费用；安全帽、安全带、安全网等安全防护费用；安全门、防护棚等安全设施费用；施工安全用电费用；建筑工地起重机械的检验检测费用；施工安全防护通道的费用；工人的安全防护用品、用具购置费用；消防设施与消防器材的配置费用；电气保护、安全照明设施费等。

4) 临时设施费。指施工企业为进行建筑工程施工所必须搭设的生活和生产用的临时建筑物、构筑物和其他临时设施费用等。主要包括：施工现场围挡、临时建筑物、构筑物的搭设、维修、拆除或摊销费用；施工现场临时供水、供电管线等临时设施的搭设、维修、拆除或摊销费用等；施工现场规定范围内临时简易道路铺设，临时排水沟、排水设施安砌、维修、拆除以及排水费用等。

安全文明施工费以直接费、企业管理费、利润、规费之和为基数，再乘以安全文明施工费费率得出。安全文明施工费不包含为保护水质和高空、高边坡以及临水面作业采取的施工防护措施费用。

(6) 税金。税金是按国家和地方有关要求应缴纳的增值税。增值税是以直接费用、企业管理费用、利润、规费以及安全文明施工费用的总和为计税基础，再按照固定百分比计算。

(7) 综合单价计算。土建工程维修养护综合单价计算见表 3-1。

表 3-1 土建工程维修养护综合单价计算表

序号	项目	计算式
1	直接费	基本直接费＋其他直接费
1.1	基本直接费	人工费＋材料费＋施工机械使用费
1.1.1	人工费	∑人工消耗量×人工单价
1.1.2	材料费	∑材料消耗量×材料单价
1.1.3	施工机械使用费	∑机械台时消耗量×台时单价
1.2	其他直接费	(人工费＋施工机械使用费)×费率
2	企业管理费	(人工费＋施工机械使用费)×费率
3	利润	(人工费＋施工机械使用费)×费率
4	规费	(人工费＋施工机械使用费)×费率
5	安全文明施工费	(1＋2＋3＋4)×费率
6	税金	(1＋2＋3＋4＋5)×费率
7	综合单价	1＋2＋3＋4＋5＋6

各类工程项目的费用按照表 3-1 综合计算得出，形成综合单价。

综合单价作为整体衡量价格水平的指标，需详细了解各部分费用所包含的内容，防止出现重复计列、漏记等现象，对工程预算的投资把控造成影响。

综上所述，南水北调中线工程中的土建工程维修养护工作定额内容涵盖了从土建维修、绿化养护到水下衬砌板修复各个方面，每个项目的预算标准都经过了细致的编制和调整，确保工程的每个环节都有明确的费用依据。这一体系为工程管理和成本控制提供了强有力的支持，并在项目实施过程中发挥了重要作用。

3.3.2　其他费用

其他费用应根据工程实际情况计列，由招标代理服务费、监理费（若有）等有关费用组成。

（1）招标代理服务费。招标代理服务费应根据招标项目的复杂程度、委托内容及工作量，由建设单位与招标代理机构协商确定。可参照现行市场行情或本地区工程造价管理机构、行业协会发布的指导性收费标准执行。

（2）工程监理费。工程监理费应结合项目规模、类别、管理难度及监理服务内容等因素，由建设单位与监理单位协商确定。可参考现行工程监理服务市场价格，或依据行业主管部门、行业协会发布的指导性文件予以确定。

3.3.3　预备费用

在土建工程维修养护日常项目预算编制中，预备费作为预算体系中的必要组成部分，主要用于应对施工过程中可能出现的不可预见支出，例如自然条件变化、施工技术调整、材料价格波动等因素所带来的费用偏差。该类项目预算一般工作内容明确、实施周期短、技术难度相对可控，因此土建工程维修养护日常项目预算仅考虑基本预备费。

维修养护日常项目预算应根据工程实际情况考虑预备费，预备费计算以工程费用和其他费用之和为基数计算，费率按相关管理要求或项目具体情况分析确定。

3.4　定额实施情况

3.4.1　编制成果

南水北调中线有限公司于 2018 年、2019 年和 2020 年编制印发并修订完善《南水北调中线干线工程土建、绿化维修养护日常项目标准化工程量清单》和《土建、绿

化工程维修养护日常项目预算定额及编制办法》。2023 年，南水北调中线工程在 2020
年印发的标准化工程量清单基础上，结合专业维修养护标准、现场工程维修养护工作
实际及相关制度办法执行情况，对土建、绿化维修养护日常项目标准工程量清单进行
了修订。

2023 年对土建、绿化维修养护日常项目预算定额共复核修订、编制定额子目 709
个，较 2020 版预算定额子目增加 197 个，新增定额子目 217 个，删除定额子目 20 个。
土建维修养护日常项目的预算定额子目数量已由 403 个调整为 491 个，其中新增定额子
目 90 个，删除定额子目 2 个。绿化维修养护日常项目预算定额子目数量由 56 个调整为
153 个，删除原有所有子目 18 个，新增定额子目 115 个。通用项目及措施项目预算定
额子目数量由 53 个调整为 62 个，其中新增定额子目 9 个。另外，机械台班费定额由
126 个调整为 152 个，其中新增定额子目 26 个。

水下衬砌板修复项目定额通过进一步深入现场采集更多数据，对已有的定额进行补
充和完善。

3.4.2 成果应用

土建工程维修养护工作定额编制工作形成了科学、规范的"综合单价"成果，显著
提升了南水北调中线工程相关定额的管理水平，为工程定价与资源配置提供了明确
依据。

首先，土建工程维修养护工作定额推动了工程计价的规范化与精准化。通过对人
工、材料、机械消耗的全面测算，并结合市场行情与历年合同价格进行对比分析，编制
出的综合单价充分体现了市场规律与工程实际。该成果不仅消除了以往定额偏离现场实
际的问题，也有效避免了工程造价的估高估低，为项目预算、招标控制价和成本控制提
供了可量化、可溯源的标准。

其次，增强了现场执行的可操作性与适应性。编制过程中高度关注施工一线的真实
作业方式，确保定额指标与现场工序、工作强度、人员组织相匹配。实测数据表明，定
额成果与现场实际高度吻合，体现了较强的适用性和可执行性，有效支撑了项目全过程
成本核算与计划编制。

再次，为公司管理决策提供了系统性数据支撑。本次成果不仅具备价格参考功能，
更具有战略价值，可作为制定年度计划、预算控制、绩效考核等管理环节的重要依据。
通过这一系列数据成果，公司可在项目投资、资源配置及管理评估中更加科学合理地作
出判断，提升决策质量与执行效率。

最后，提升了企业的管理能力与行业形象。定额成果反映出公司在工程管理中的专

业化水平和数据治理能力，展现了对成本精细化管理的重视，有助于增强行业内的公信力和外部合作中的议价能力。

　　土建工程维修养护工作定额不仅是一项工程造价管理的技术成果，更是一套具备实用性、参考性和管理价值的系统工具，为公司实现高质量工程运维和科学管理提供了坚实支撑。

第4章 信息机电工程检修工作定额

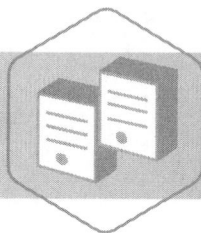

4.1 信息机电工程检修工作定额内容及应用需求

4.1.1 信息机电工程检修工作定额内容

南水北调中线工程是中国历史上规模巨大的调水工程之一。在调水工程中，信息机电工程扮演着关键角色，工程沿线分布着闸控建筑物、启闭设备、供配电系统、消防系统和自动化调度系统等信息机电设备设施。为保证沿线信息机电设备设施的正常运行，需要进行信息机电日常检查、定期检查、年度维修工作，确保整个调水过程中的设备稳定运行和高效运作。

信息机电工程检修工作定额内容主要由机电金结、电力、信息化、消防设施、泵站其他设备、电厂等六部分组成。

1. 机电金结

机电金结部分包括金属结构设备、启闭设备、起重设备、防冰设备、排水泵站设备等检修工作。

（1）金属结构设备包括闸门、清污设备、其他设备设施。

（2）启闭机设备包括液压启闭机、固定卷扬式启闭机、螺杆启闭机、台车式启闭机、单轨移动式启闭机、抓梁。

（3）起重设备包括电动单梁起重机、电动葫芦。

（4）防冰设备包括融冰设备、扰冰设备。

（5）排水泵站包括强排泵站（集水井）、穿黄泵站。

2. 电力

电力部分主要包括变电站设备、输电线路及调试工作。

（1）变电站部分包括干式变压器（电抗器）、台架式变压器、断路器手车柜、消弧消谐柜、计量柜、熔断器手车柜、PT柜、高压环网柜、柱上断路器、跌落式熔断器、低压开关柜、直流系统、柴油发电机组、SVG 无功补偿设备、继电保护系统、故障录波装置、通信设备、电力监控、电力监控系统通用项目、电力监控系统硬件、设备间和安全工器具柜。

（2）输电线路部分包括架空线路、架空线路通道环境、电缆线路、电缆井及电缆分支箱。

（3）调试工作部分包括干式变压器、电抗器、台架式变压器、电流互感器、电压互感器、高压开关柜、SF$_6$断路器、真空断路器、负荷开关、金属氧化物避雷器、电力电缆及附件、绝缘子、套管、低压配电装置、SVG 无功补偿设备、安全工器具、隔离开关和接地开关、母线的调试工作。

3. 信息化

信息化部分涵盖了设备设施巡查养护、软件维护、网络安全服务、公共租赁等工作。

（1）设备设施巡查养护。包括通信传输、程控交换、通信管道、光缆、通信电源、实体环境、动环监控系统、物联网温湿度系统、物联网锁系统、机房实体环境、视频会议系统、公共资源网络、安全电子防护系统、存储系统、服务器、网络安全设备、网络系统、工程防洪设备、闸站监控设备、强排泵站、抽排井、中间件、数据库、云平台等设备设施的巡查养护。

（2）软件维护。包括时空信息服务平台运行维护、数据治理平台维护、水雨情信息服务、工程防洪信息管理系统运行维护、综合会商系统运行维护、中线专项气象数据服务及 APP 软件维护、南水北调中线输水调度数据分析管理系统运行维护、南水北调中线安全风险分级管控系统软件项目运行维护、南水北调中线审计管理信息系统运行维护、南水北调中线统一身份认证系统运行维护、巡查维护问题处理过程监管系统运行维护、南水北调中线智慧党群系统运行维护、冰期运行调度服务平台运行维护和管理处综合展示系统运行维护等内容。

（3）网络安全服务。包括网络安全合规、网络安全演练、网络安全技术咨询、关键信息基础设施、网络安全检测和数据安全服务等。

（4）公网租赁。是指电信运营商公网资源租用项目。

4. 消防设施

该部分包括火灾自动报警系统、消防供水设施、消火栓系统、自动喷水灭火系统、细水雾灭火系统、气体灭火系统、建筑防烟排烟系统、消防应急照明和疏散指示系统、防火分隔设施和灭火器、消防沙箱、消防配电设施、线缆敷设、设备拆装、接地装置、管道渗漏修复、水泵房抽排风、消防设备年度检测等检修工作。

5. 泵站其他设备

该部分包括主机组系统、供配电系统、水力机械系统、供排水系统、通风空调系统、计算机监控系统、油系统、泵站辅助设备、其他日常维护、其他计划检修等。

（1）主机组系统包括主水泵、主电机、变频器；供配电系统包括 GIS、UPS、EPS。

（2）水力机械系统包括液控阀、电动蝶阀、空气阀、伸缩接头。

（3）供排水系统包括变频器技术供水系统循环泵及管路附属设备、变频器技术供水闭式冷却塔、变频器技术供水系统冷水机组、主机组技术供水管路及附属设备（开式）、主机组技术供水管路及附属设备（闭式）、主机组技术供水系统冷水机组、渗漏排水、前池抽排水、主轴密封水设备。

（4）通风空调系统包括风机空调、水源热泵系统。

（5）计算机监控系统包括计算机监控系统、计算机监控系统软件维护。

（6）油系统包括稀油站。

（7）泵站辅助设备包括加氯系统。

（8）其他日常维护包括应急物资维护、泵站厂房保洁。

（9）其他计划检修包括泵站预防性试验，主机组磁悬浮机组、变频器冷却水机组、冷却塔年度专业维护，泵站设备元器件校验。

6. 电厂

电厂部分包括水轮发电机组、输变电系统、厂用电系统、通信系统、继电保护系统、计算机监控系统、油系统、水系统、气系统、通风系统、空调系统、电站闸门系统设备、起重设备与电梯、消防系统、设备设施接地系统、电厂设备设施卫生、引水闸设备、园区配电系统及 10kV 亮化工程箱式变压器、自动化系统厂家技术支持、计算机监控系统安全风险评估、计算机监控等级保护测评、特种设备定期检验、防雷接地导通检测、空调年度维修、年度检修项目、环境卫生、110kV 润薛线及 10kV 九陶线线路等设备的检修工作。

南水北调中线工程中信息机电工程检修工作的组成非常庞大且复杂，涵盖了多个领域，每个组成部分都必须通过严格的定期检查和维护，以确保南水北调中线干线项目的持续稳定运行。

4.1.2　信息机电工程检修工作定额应用需求

为保障南水北调中线工程机电设备长期、安全、稳定运行，有必要建立一套科学规范、覆盖全面的检修工作定额。该定额应紧贴实际运维需求，明确不同检修类型的作业标准与资源配置，提升运维工作的计划性、规范性与响应效率。下面将从日常检查、定期检修、年度维护、计划检修与突发维修，以及专项设备维护等方面，系统阐述信息机电工程检修工作定额的应用需求。

1. 日常检查工作定额需求

日常检查主要是通过"望、闻、嗅、触"方式进行感官检查，结合设备自带的仪表和交互系统，监测设备状态。

日常检查应按照设备运行的负荷和环境条件进行，通常每日或每周进行一次，确保设备在非操作状态下的安全性。

日常检查通常不涉及设备操作，通过肉眼可见或感官能感知设备异常，如漏油、温度过高、锈蚀等问题，确保设备在下一步工作中能够安全运行。

（1）统一检查频次与覆盖范围，强化工作规范性。通过定额明确定义不同类型设备的检查周期、点位数量与作业内容，有助于建立不重不漏、规范统一的巡检制度，减少因人员操作随意性导致的遗漏、重检和信息偏差。

（2）合理匹配人力配置与工作强度，提升运维效率。定额提供标准工时、人员需求、工具配备与物资使用参考，便于按设备分布和作业负荷科学安排岗位职责，特别在长距离输水线路、点多面广区域，提升人力资源利用率和作业连贯性。

2. 定期检修工作定额需求

定期检修是指在设备启停和操作的过程中，对其各个部件的工作状况进行更深入、更细致的检查。相比日常检查，定期检修通常会涉及设备的实际操作，通过启闭、调节设备，评估其各部件在负载下的运行状态。

定期检修通常每季度、每半年或每年进行一次，视设备重要性和运行负荷而定。通过定期检修工作的测试与检查，全面评估设备的功能状态，排查潜在故障，预防因设备损坏而导致的工程中断。

（1）明确检修周期内的作业任务与准备要求，保障计划执行的可控性。定额根据设备等级与运行风险，区分季度、半年、年度等检修等级，明确各类作业内容和操作深度，帮助管理单位合理设定停机时间、组织人力投入，提升检修计划的执行效率与现场组织水平。

（2）适应设备状态差异，构建可调型操作标准，提升技术适配性。针对不同设备在运行年限、负荷工况和技术状态方面的个体差异，定额通过设置调整系数、操作模板与可选流程，既提供了统一的技术依据，也保留了现场技术人员灵活处理空间，提升检修方案的实用性。

3. 年度维护工作定额需求

年度维护是为了保持设备长期性能稳定而进行的全面检查和保养。与日常检查和定期检修不同，年度维护不仅包括设备操作状态的监测，还涉及设备内部零件的拆卸、清理、更换等工作。年度维护每年进行一次，通常安排在水流量较低或停机检修期内进行，以避免对水资源调度产生影响。

（1）提供设备级维护作业清单，构建维护标准与强度基线。定额通过设定各类设备年度维护模板，细化作业项目、检修深度和部件更换频率，为单位编制年度维护计划、安排工序衔接与判断任务优先级提供科学依据，实现由"应急性维修"向"计划性保养"转变。

（2）前置资源测算与物资调度需求，控制维护成本峰值。年度维护通常投入规模大，涉及多班组协同和物资集中采购。定额提供工时、人员、材料和工器具的量化参考，有助于提前组织资源、优化预算配置和维护进度安排，防止资源错配与成本失控，保障年度维护任务的经济性与高效性。

4. 计划检修及突发维修工作定额需求

机电系统的某些设备，特别是处于关键节点的设备，可能会在特定的运行周期或环境条件下受到较大影响。因此，还需要根据实际情况制定设备的检修和维修。

计划检修频率是根据设备的重要性、运行时间及负荷条件，通常每3～5年进行一次大修。大修期间设备可能需要完全停运，进行全面解体和更换老旧部件。突发维修则面向临时性故障，强调快速反应与局部修复。两者均对定额的灵活性和决策支持作用提出更高要求。

（1）细化计划检修作业结构与执行节奏，服务于复杂工程组织管理。定额通过划分典型设备的检修阶段与关键节点，明确停运前准备、解体更换、系统调试等各环节所需时间与人力，为制定全面大修方案和资源统筹安排提供量化基础，提高工程计划的科学性和执行力。

（2）设定应急作业模板与资源下限，提升抢修效率与响应速度。面对运行中的突发故障，定额可提供典型故障情境下的抢修流程、作业用时、备件需求等快速估算参数，支持一线单位快速组建抢修方案、合理配置人员与工具，提升故障恢复的速度和可靠性。

5. 专项设备的维护和特殊工作定额应用需求

南水北调中线工程中某些特殊设备需要根据季节变化或特定工况进行专项检修。这些设备的维护要求结合实际的气候和水文条件，在特定时期进行，确保其在关键时段能够稳定运行。

（1）结合季节性运行特征，保障关键时段设备可用性。定额通过明确定义专项设备的检修周期、检查要点与调试流程，如防冰设备的入冬巡检、热工系统校验等，为季节转换期的集中作业提供组织依据，避免"临用抢修"，保障设备在关键窗口正常启用。

（2）加强跨专业操作规范，提升作业质量与协作效率。专项设备涉及自动化、通信、电气等多专业联动，定额通过设置标准化作业程序与工时估算，为人员组合、工具准备与调度协作提供依据，避免因标准不统一、操作经验不足导致的技术偏差或故障遗漏。

综上所述，南水北调中线工程的机电系统的检修需求涵盖了从日常检查、定期检修、年度维护到计划检修的全方位要求。这些检修工作不仅涉及设备的运行状态，还涉及设备内部结构的详细检查和维护。通过严格的检修制度，确保设备在长期运行中的可靠性与安全性，是南水北调中线工程稳定运行的基础。

4.2 定额编制要点

4.2.1 定额编制原则

同土建工程维修养护工作定额相似，具备全面考虑、依法合规、简明适用、精确量化、特殊性与多样性、质量与安全保障等编制原则，信息机电工程检修工作定额具备原则总结如下。

1. 符合工程实际情况的原则

信息机电工程检修工作定额的编制首先需要符合南水北调中线工程的实际运行条件和机电设备的特定工作环境。

南水北调中线的机电设备覆盖了大规模的水利设施，如泵站、闸门、启闭机等，其工作环境包括不同的地理区域和气候条件。定额的编制要根据设备的类型、使用频次、工作负荷等实际情况，进行详细的工作量和费用测算，确保定额的适用性。

由于南水北调中线工程跨越不同省市，设备的维护检修工作可能受到区域差异的影响，特别是材料价格、劳动力成本等。定额编制时要考虑这些地域性的成本差异，确保编制的合理性和可操作性。

2. 遵循国家和行业标准的原则

在定额编制过程中，必须严格遵守国家和行业相关的标准和规范。例如，定额编制应以现行的增值税税率和国家发布的最新税收政策为基础进行调整。同时，工程费用的组成和计算标准需要与国家颁布的法律法规相一致。

3. 综合考虑设备工况的原则

机电设备的运行工况和使用频次是影响定额编制的重要因素。南水北调中线工程的机电设备种类繁多，涵盖了从闸门、泵站到信息化设备、消防系统等多种类型，这些设备的运行状态、维修频率、使用环境等各不相同。因此，定额编制时必须结合具体设备的工况进行。例如，对于结构复杂、检修难度大的设备，如液压启闭机、起重设备等，定额编制时要考虑到额外的时间和人工投入，确保检修工作能够顺利完成。同时，对于设备关键零部件的维护和更换，定额中应适当增加特殊操作费和材料消耗费。

4. 注重人工和机械使用的效率原则

在信息机电工程检修工作定额编制工作中，人工费和施工机械使用费是影响检修成本的两个重要因素。因此，定额编制应注重提高人工和机械使用的效率，合理配置资源，减少浪费。

（1）人工成本控制。人工费的计算应结合设备的维护周期和工作量，避免人员配置过多或不足的情况。对于简单的日常检查工作，可适当减少人工投入，而对于复杂的年度维护或计划检修工作，应保证足够的人员配置和工作时长。

（2）机械使用的合理性。对于涉及大型机械设备（如起重机、清污机等）的检修工作，定额编制时应充分考虑机械的使用频次和折旧费用等因素。同时，要提高设备的利用效率，避免机械闲置或使用不足导致的成本增加。

综上所述，南水北调中线工程信息机电工程检修工作定额的编制原则以科学、合理、全面为核心，结合了工程实际情况、国家和行业标准、费用构成以及设备的具体工况，确保定额的适用性和准确性。定额编制不仅要考虑检修工作的成本控制，还需注重提高人工和机械的使用效率，并具备一定的灵活性，能够根据设备状态和技术发展进行动态调整。这些原则为南水北调中线工程的机电系统维护提供了有力的保障，确保了整个工程长期、高效、稳定的运行。

4.2.2　定额编制方法

信息机电工程检修工作定额的编制方法是以全面的工作分析、细致的工作量统计和科学的费用核算为基础，旨在为机电设备的检修工作提供明确、合理的成本控制和工作指导。定额编制的方法遵循科学性、系统性和实用性相结合的原则，以确保整个南水北调中线工程中机电设备检修的有效执行。因此，制定科学合理的定额对于确保维修养护工作的顺利进行、控制成本、提高效益具有重要意义。以下是关于信息机电工程检修工作定额编制方法的详细说明。

1. 编制依据

信息机电工程检修工作定额编制主要依据以下六个方面。

（1）国家、行业或地方计价规定。遵循国家、行业或地方行政主管部门颁发的计价规定、定额、信息价格以及其他计价文件，确保定额的合法性和权威性。

（2）地方定额标准。参考南水北调中线干线工程所辖省（直辖市）工程造价管理部门颁布的人工、材料、机械台班消耗量定额等，确保定额的地域适应性和准确性。

（3）现行运行维护规程。依据中国南水北调集团中线有限公司现行运行维护规程，确保定额与工程实际运行维护需求的一致性。

（4）标准化工程量清单。以南水北调中线干线信息机电设备设施及其系统运行管理和维修养护日常项目标准化工程量清单为基础，确保定额的规范性和可操作性。

（5）现场实测与调研数据：通过现场实测和调研，收集实际工程数据，为定额的编制提供真实可靠的依据。

（6）以往实际结算资料。参考以往实际结算资料，分析成本构成和变化趋势，为定额的编制提供历史经验和参考。

2. 编制思路

信息机电工程检修工作定额编制遵循以下思路：

（1）定额水平。定额水平应反映社会平均水平，以中线沿线多数企业能达到的生产率水平、机械装备水平以及合理的工期、工艺、劳动组合为基础，体现当前社会劳动生产率平均水平。

（2）定额表现形式。根据维修养护工作内容，确定具体的定额形式，如消耗量定额、费用定额等，以满足不同维修养护项目的需求。

（3）定额子目设置。在充分研究分析调研资料的基础上，结合南水北调中线工程实际，参考相关行业、相关省市维修养护原有预算定额和综合单价子目设置，以工程量清单为基础，合理确定定额子目。

（4）定额编制。依据国家政策及有关行业规范标准，根据收集到的实际工程资料，对主要机械在各种维修养护条件下的生产率进行复核，对劳动力的配备进行适当调整，对主要材料消耗量进行测算，进行定额编制。

（5）编制规定。延续南水北调中线工程已有的编制规定，不脱离现行水利行业的编制规定，确保定额的连续性和一致性。

3. 编制方法

信息机电工程检修工作定额以统计分析法为核心研究方法，结合工程技术特性与维修实践要求，建立了一套系统的信息机电工程检修工作定额编制逻辑体系。统计分析法作为一种以数据实测和数量化处理为基础的研究手段，具有依靠实际、结构清晰、结果可比等优势，适用于对维修养护类工作的资源消耗、劳动效率及定额水平进行科学量化。

统计分析法在本研究中的应用，主要体现为以下三个方面：

（1）通过系统的资料收集与现场测定，研究选取了具有代表性的典型设计图纸、工程结算资料以及现场检修作业样本，为定额参数构建提供坚实的数据支撑。特别是在数据测定环节，前往现场实地观察，详细记录班组活动内容与工时利用情况，确保所提取数据能够真实反映作业时间构成与操作效率。

（2）在统计分析过程中，分析不同维修任务下人员配置的合理性与任务分工的清晰性，明确每一维修循环所需岗位构成与人员数量，避免工时定额与实际组织方式脱节，为后续工时核算提供标准化基础。

（3）在数据分析阶段，研究剔除系统误差与偶然偏差数据，采用平均值、变异系数等方法对有效样本进行加工处理，提炼出具有代表性的人工、材料、机械消耗定额指标。在此基础上，结合统一的人工单价、材料价格和机械台班费用，完成定额项目的经济测算与合理性校验，并通过与现行类似定额进行对比，进一步提升成果的科学性与适用性。

统计分析法不仅为定额编制提供了规范的数据采集机制与科学的处理逻辑，更通过对工艺流程与资源消耗的深入刻画，确保所编定额能够真实反映检修工作的实际需求、成本结构和组织模式，为工程管理中的预算控制、作业安排和绩效评估提供了可靠依据。

4.3　预算构成

南水北调中线干线信息机电工程维修养护项目预算由工程费用和独立费用两部分组成。

4.3.1　工程费用

工程费用由主体工程费用和临时工程费用两部分组成。

1. 主体工程费用

根据信息机电工程检修内容，其主体工程费用由三部分组成，第一部分是以定额工作量（工程量）形式的维修养护费用，第二部分是值班值守定岗费用，第三部分是检查费用。定额工作量（工程量）形式的维修养护费用按照定额工作量（工程量）形式的维修养护工程量乘以综合单价计算，值班值守定岗费用按照值班值守定岗工程量乘以值班（值守）人员单价计算，检查费用按照检查预算价格乘相应百分比计算。

主体工程费用具体计算方式如下：

主体工程费用＝定额工作量（工程量）形式的维修养护工程量×综合单价＋值班值守定岗工程量×值班（值守）人员单价＋检查预算价格×百分比

值班（值守）人员单价根据现场调研及市场分析情况确定，检查预算价格和相应百分比根据现场实际情况测算后确定。下述将介绍综合单价构成。

2. 综合单价

综合单价由直接费、间接费、利润和税金组成，其中直接费由基本直接费和其他直接费组成，间接费包括规费和企业管理费。

（1）直接费。直接费指维修养护工作过程中直接消耗在工程项目上的活劳动和物化劳动，由基本直接费和其他直接费组成。

1）基本直接费。基本直接费包括人工费、材料费和施工机械使用费。

a. 人工费指直接从事维修养护工程施工的生产工人开支的各项费用，包括基本工资和辅助工资。

（a）基本工资。基本工资由岗位工资和年应工作天数内非作业天数的工资组成。

岗位工资是指按照职工所在岗位各项劳动要素测评结果确定的工资。

生产工人年应工作天数以内非作业天数的工资，包括生产工人开会学习、培训期间的工资，调动工作、探亲、休假期间的工资，因气候影响的停工工资，女工哺乳期间的工资，病假在六个月以内的工资及产、婚、丧假期的工资。

（b）辅助工资。辅助工资指在基本工资之外，以其他形式支付给生产工人的工资性收入，主要指根据国家有关规定属于工资性质的各种津贴，包括地区津贴、施工津贴、夜餐津贴、节假日加班津贴等。

b. 材料费。材料费是指用于建筑安装工程项目上的消耗性材料和周转性材料摊销费，包括定额工作内容规定应计入的计价材料。

c. 施工机械使用费。施工机械使用费指的是施工作业过程中产生的施工机械及仪器仪表的使用费或租赁费。施工机械使用费按施工机械台时耗用量乘以施工机械台时费计算，包括折旧费、修理及替换设备费、安装拆卸费、场外运费、机上人工费和动力燃料费等。

（a）折旧费。折旧费指施工机械在规定使用年限内回收原值的台时折旧摊销费用。

（b）修理及替换设备费。修理费是指在施工机械使用过程中，为保证机械持续处于正常运行状态而产生的各项费用，这些费用包括修理过程中所需的摊销费用、机械正常运转及日常保养所需的润滑油料和擦拭用品费用，以及机械保管相关的费用。

替换设备费指施工机械正常运转时所耗用的替换设备及随机使用的工具附具等摊销费用。

（c）安装拆卸费。安装拆卸指施工机械在进出工地过程中，为完成安装、拆卸、试运转以及场内转移和辅助设施相关操作而产生的摊销费用。

（d）场外运费。场外运费指的是将施工机械整机或拆分件从停放地点运输到施工现场，或从一个施工地点转运至另一施工地点时所产生的运输、装卸、辅助材料和架线等相关费用。

（e）机上人工费。机上人工费指施工机械使用时机上操人员人工费用。

（f）动力燃料费用。动力燃料费用指施工机械正常运转时所耗用的风、水、电、油和煤等费用。

2）其他直接费。其他直接费包括冬雨季施工增加费、夜间施工增加费、特殊地区施工增加费、临时设施费和其他。

a. 冬雨季施工增加费。冬雨季施工增加费是指在冬雨季施工期间为保证工程质量所需增加的费用。包括增加施工工序，增设防雨、保温、排水等设施增耗的动力、燃料、材料以及因人工、机械效率降低而增加的费用。

b. 夜间施工增加费。夜间施工增加费是指施工场地和公用施工道路的照明费用。

c. 特殊地区施工增加费。特殊地区施工增加费是指在高海拔、原始森林、沙漠等特殊地区施工而增加的费用。

d. 临时设施费。临时设施费是指施工企业为进行建筑安装工程施工所必需的但又未被划入施工临时工程的临时建筑物、构筑物和各种临时设施的建设、维修、拆除、摊销等费用。如供风、供水（支线）、供电（场内）、照明、供热系统及通信支线，土石料场，简易砂石料加工系统，小型混凝土拌和浇筑系统，木工、钢筋、机修等辅助加工厂，混凝土预制构件厂，场内施工排水，场地平整、道路养护及其他小型临时设施等。

e. 其他。其他包括施工工具用具使用费、检验试验费，工程定位复测及施工控制网测设，工程点交、竣工场地清理，工程项目及设备仪表移交生产前的维护费，工程验收检测费等。

（a）施工工具用具使用费。施工工具用具使用费指施工生产所需，但不属于固定资产的生产工具，检验、试验用具等的购置、摊销和维护费。

（b）检验试验费。检验试验费指对建筑材料、构件和建筑安装物进行一般鉴定、检查所发生的费用，包括自设实验室所耗用的材料和化学药品费用，以及技术革新和研究试验费，不包括新结构、新材料的试验费和建设单位要求对具有出厂合格证明的材料进行试验、对构件进行破坏性试验，以及其他特殊要求检验试验的费用。

（c）工程项目及设备仪表移交生产前的维护费。工程项目及设备仪表移交生产前的维护费是指竣工验收前对已完工程及设备进行保护所需费用。

(d) 工程验收检测费。工程验收检测费是指工程各级验收阶段为检测工程质量发生的检测费用。

(2) 间接费。间接费是指施工企业为建筑安装工程施工而进行组织与经营管理所发生的各项费用。间接费构成产品成本，由规费和企业管理费组成。

1）规费。规费是指政府及相关部门规定必须缴纳的费用，其中包括养老保险费、失业保险费、医疗保险费、生育保险费、工伤保险费和住房公积金。

2）企业管理费。企业管理费是施工企业为组织施工生产和经营活动所发生的费用。企业管理费包括管理人员工资、差旅交通费、办公费、固定资产使用费、工具用具使用费、职工福利费、劳动保护费、工会经费、职工教育经费、财务费、税金及其他。

a. 管理人员工资。管理人员工资包括管理人员的基本工资和辅助工资。

b. 差旅交通费。差旅交通费是指施工企业管理人员因公出差或工作调动产生的差旅费用及误餐补助，同时还包括职工探亲所需的路费、劳动力招募费用、职工离退休或退职时的一次性路费、工伤人员就医路费、工地转移费用、交通工具运行费用和牌照费等。

c. 办公费。办公费是指企业办公用文具、印刷、邮电、书报、会议、水电、燃煤（气）等费用。

d. 固定资产使用费。固定资产使用费是指企业属于固定资产的房屋、设备、仪器等的折旧、大修理、维修费或租赁费等。

e. 工具用具使用费。工具用具使用费是指企业在管理过程中，对那些不计入固定资产的工具、用具、家具、交通工具以及检验、试验、测绘、消防等设备的购置、维修和摊销所产生的费用。

f. 职工福利费。职工福利费是指企业按照国家规定支出的职工福利费，以及由企业支付给离退休职工的易地安家补助费、职工退休金、六个月以上的病假人员工资、按规定支付给离休干部的各项经费。职工发生工伤时企业依法在工伤保险基金之外支付的费用，其他在社会保险基金之外依法由企业支付给职工的费用。

g. 劳动保护费。劳动保护费指企业按照国家有关部门规定标准发放的一般劳动防护用品的购置及修理费、保健费、防暑降温费、高空作业及进洞津贴、技术安全措施以及洗澡用水、饮用水的燃料费等费用。

h. 工会经费。工会经费是指企业按职工工资总额计提的工会经费。

i. 职工教育经费。职工教育经费是指企业为职工学习先进技术和提高文化水平按职工工资总额计提的费用。保险费指企业财产保险、管理用车辆等保险费用，高空、井下、洞内、水上、水下作业等特殊工种安全保险费、危险作业意外伤害保险费等。

j. 财务费。财务费用是指施工企业为筹集资金而发生的各项费用,包括企业经营期间发生的短期融资利息净支出、汇兑净损失、金融机构手续费,企业筹集资金发生的其他财务费用,以及投标和承包工程发生的保函手续费等。

k. 税金。税金是指企业按规定缴纳的房产税、管理用车辆使用税、印花税等。

l. 其他。其他包括技术转让费、企业定额测定费、施工企业承担的施工辅助工程设计费、投标报价费、工程图纸资料费及工程摄影费、技术开发费、业务招待费、绿化费、公证费、法律顾问费、审计费、咨询费等。

(3) 利润。利润是指按规定应计入维修养护工程费用中的利润。

(4) 税金。税金是指按国家和地方有关要求应缴纳的增值税。

信息机电维修养护项目综合单价计算见表 4-1。

表 4-1 信息机电维修养护项目综合单价计算表

序号	项目	计算式
1	直接费	基本直接费+其他直接费
1.1	基本直接费	人工费+材料费+施工机械使用费
1.1.1	人工费	∑人工消耗量×人工单价
1.1.2	材料费	∑材料消耗量×材料单价
1.1.3	施工机械使用费	∑机械台时消耗量×台时单价
1.2	其他直接费	基本直接费×其他直接费费率之和
2	间接费	人工费×间接费费率
3	利润	(1+2)×利润率
4	税金	(1+2+3)×税率
5	综合单价	1+2+3+4

3. 临时工程费用

临时工程费用由安全生产措施费、其他临时工程费用和环境保护措施费用三部分组成。

(1) 安全生产措施费。安全生产措施费是指为保证施工现场安全作业环境及安装施工、文明施工所需要,在工程设计已考虑的安全支护措施之外发生的安全生产、文明施工相关费用。

（2）其他临时工程费用。其他临时工程费用是指为辅助维修养护工程所发生的临时性工程的相关费用。

（3）环境保护措施费用。环境保护措施费用是指为辅助维修养护工程所发生的为达到环保部门要求所需的相关费用。

4.3.2　独立费用

独立费用由招标代理服务费、监理费和设计费三部分组成。项目未发生的费用，不计列。

（1）招标代理服务费。招标代理服务费可依据国家、地区或行业的相关价格政策，并参考南水北调办企管〔2022〕140 号文计取。

（2）监理费。监理费可参考国家、地区或行业相关规范计取，或结合项目规模、类型和管理难度，由建设单位与监理单位协商确定。

（3）设计费。设计费参考国家、地区或行业相关规范及现行价格政策计取。

4.4　定额实施情况

4.4.1　编制成果

信息机电工程检修工作定额工作共计编制了 300 余条定额项目，形成了约 3500 条综合单价。这一成果的取得，不仅为公司的信息机电工程检修工作提供了坚实的定额基础，也为后续的工程管理、预算编制和决策提供了有力的数据支撑。

在定额编制过程中，始终坚持实事求是的原则，通过深入的现场调研和实测，确保了定额项目与现场实际基本符合，水平合适。这些定额项目不仅涵盖了信息机电工程检修的各个方面，还充分考虑了人材机的价格规律和市场实际情况，使得定额更加贴近实际，更具可操作性。

4.4.2　成果应用

对公司而言，这份定额编制成果具有显著的应用价值。首先，它为公司提供了一套结合工程特点且有充分依据的决策支持，从而使公司在处理信息机电工程检修问题时能够更加科学、合理地做出决策。特别是在解决审计提出的计价依据问题时，这份定额将成为公司的重要依据，有效证明公司计价的合理性和准确性。

其次，这份定额编制成果还解决了公司过去在信息机电工程检修方面缺乏明确依据的问题。借助科学合理的实测方法构建的完善的定额和综合单价，为公司制定年度计划和编制预算等提供了切实的依据。这不仅提高了公司的管理水平和效率，也为公司的持续健康发展奠定了坚实的基础。

最后，这些定额和综合单价已经广泛应用于公司的信息机电工程检修项目中，为工程的顺利实施提供了有力的保障。同时，它们也为公司的成本控制、效益分析等方面提供了重要的数据支持，帮助公司更好地掌握工程成本，提高经济效益。

第5章 工程监测运行维护工作定额

5.1 工程监测运行维护工作定额内容及应用需求

5.1.1 工程监测运行维护工作定额内容

工程监测运行维护工作主要针对南水北调中线工程的安全运行维护进行监测，其定额内容包括内部观测数据采集及分析、外部观测数据采集、监测资料整理整编与分析、监测自动化系统运行维护、监测设施维护、监测新技术应用、安全监测咨询服务。

1. 内部观测数据采集及分析

内部观测数据采集及分析工作主要包括人工采集内部观测数据，日常数据查看及处理工作。

2. 外部观测数据采集

外部观测数据采集包括垂直位移观测、水平位移观测、基准网复测、路由协调等工作。

（1）垂直位移观测包括输水建筑物垂直位移测点、渠道及其他建筑物垂直位移测点、测压管沉降管测斜管等管口高程、垂直位移工作基点等观测工作。

（2）水平位移观测包括输水建筑物水平位移测点、渠道及其他建筑物水平位移测点、GNSS 水平位移测点、水平位移工作基点等观测工作。

（3）基准网复测包括垂直位移监测基准网、渡河水准、水平位移监测基准网等监测工作。

（4）路由协调是指外观观测通视路由协调工作。

3. 监测资料整编与分析

监测资料整编与分析包括监测资料分析（监测简报编制、年度监测报告编制）、监测资料综合分析、异常问题研判等工作。

（1）监测资料分析包括监测简报编制和年度监测报告编制等工作。

（2）监测资料综合分析包括汇总设计、施工、监测等资料，按照要求的格式编写专题分析报告等工作。

（3）异常问题研判材料编制和研判处置等工作。

4. 监测自动化系统运行维护

监测自动化系统运行维护包括自动化系统硬件维护和应用软件维护两部分。

（1）自动化系统硬件维护包括观测房维护、独立监测站、管理处园区、自动化集线箱维护、测压（斜）管自动化采集装置、北斗测站、半年巡检维护、物联网卡维护。

1）观测房维护包括设备运行环境、微控制单元（Microcontroller Unit，MCU）、系统电源、蓄电池、光端机、无线通信模块等维护工作。

2）独立监测站包括设备运行环境、MCU、太阳能供电系统、蓄电池、光端机、无线通信模块、防雷接地等维护工作。

3）管理处园区包括设备运行环境、监测终端、无线设备接收装置等维护工作。

4）自动化集线箱维护包括检查设备运行环境、检查设备和线缆标签粘贴情况、检查主要设备的工作状态等工作。

5）测压（斜）管自动化采集装置包括检查设备运行环境、检查设备供电和通信运行状态、检查设备、线缆标签粘贴情况、检查设备的数据采集状态等工作。

6）北斗测站包括设备运行、北斗接收主机、太阳能供电系统、蓄电池及地埋箱等维护工作。

7）半年巡检维护包括安全监测观测房、独立监测站接地电阻、人工比测、深度巡检等工作。

8）物联网卡维护包括每月定期核查无线测站物联网卡状态、监控流量及费用额度、在物联网平台配合维护人员现场调试设备、定期进行费用续交等工作。

（2）应用软件维护包括接口维护、运行日志分析和清除、临时文件清理等维护工作。

5. 监测设施维护

监测设施维护包括监测实施维护养护和监测设施新建工作。

（1）监测实施维护养护包括垂直位移监测设施、水平位移监测设施、测压管、测斜管、沉降管、倒垂线监测装置、量水堰、真空激光准直系统、静力水准装置、测压（斜）管自动化采集装置、自动化集线箱（硬件设施）、电缆、独立自动化监测站维护、观测房维护等工作。

（2）监测设施新建包括外观监测设施、内观监测设施、测压管、自动化设施等建设工作。

6. 监测新技术应用

监测新技术应用分为北斗/GNSS 静态观测、卫星 InSAR 全域普查、北斗/GNSS 高精度基准站网、北斗监测数据解算等工作。

7. 安全监测咨询服务

安全监测咨询服务工作内容包括月报审核、简报要情编写、年报编写、专题报告编写、专项检查、管理文件的修订等。

定额的编制是为了将安全监测工作纳入统一的管理框架，确保不同类型的工作在实施过程中具有标准化和科学化的成本控制。

5.1.2　工程监测运行维护工作定额应用需求

工程监测在南水北调中线工程的运维阶段扮演着至关重要的角色，此定额的应用需求具有显著的重要性和紧迫性。当前，尽管造价行业规范在建设期已相对成熟，但针对工程后期运行阶段的安全监测工作，定额标准却显得不够完善，缺乏统一且被广泛认可的定额依据。

针对这一现状，工程监测运行维护工作定额需求主要体现在以下几个方面：

1. 定额标准的完善性

随着南水北调项目逐步进入运营管理阶段，安全监测工作的定额需求愈发凸显。为了准确反映安全监测工作的实际成本，需要依据国家法律法规、水利行业相关标准以及企业管理办法，结合现场实际情况，科学测定并建立一套全面、准确、适应性强的定额标准。

2. 科学测定方法及周期

安全监测工作的定额标准制定需要采用科学合理的测定方法和周期。由于现场测定工作受到多种因素的影响，因此需要结合写实法和现场技术测定法，有效地记录和分析安全监测过程中的各项工作时间和内容，为定额标准的制定提供有力的数据支持。

3. 数据整理分析的技术要求

在制定工程监测工作的定额标准时，历史经验数据和现场实测数据的整理分析是不可或缺的环节。这些数据需要经过科学严谨的整理和分析，才能作为定额标准制定的依据。因此，需要采用精细和准确的分析方法，确保定额标准的准确性和适用性。

4. 定额标准的动态适应性

考虑到水利工程运维阶段可能面临的复杂多变的工程特征和边界条件，工程监测的定额标准需要具备一定的动态适应性。这意味着定额标准需要能够随着工程特征的变化而进行相应的调整，以确保定额标准的准确性和有效性。

工程监测的定额应用需求旨在建立一套全面、准确、适应性强的定额标准，以科学测定方法和周期为基础，结合数据整理分析的技术要求，确保定额标准能够真实反映安全监测工作的实际情况，并为南水北调中线工程运维阶段的工程造价管理提供有力支撑。

5.2 定额编制要点

定额编制旨在确保各项工作能在预算范围内以科学合理的方式开展，因此制定了一系列明确的编制原则。

5.2.1 定额编制原则

工程监测运行维护工作定额主要负责监控南水北调中线沿线建筑物的运行状态，以保障供水功能正常发挥，维持安全运行。编制定额时，以下原则是关键：

1. 坚持数据准确性与规范性

工程监测工作的核心在于数据采集和分析，必须确保所有监测数据的准确性。因此，定额编制需要参考国家和行业标准，如《水利水电工程安全监测设计规范》和《国家一、二等水准测量规范》等，以保证监测工作的科学性和标准化。

2. 明确监测环节与定额构成

工程监测工作的各个环节应清晰划分，尤其是在现场实测过程中，对不同类型的监测（如垂直位移、水平位移、自动化系统硬件维护等）进行准确的定额消耗计算。

3. 结合工程实际编制定额

定额编制时需结合南水北调中线工程的具体地理条件、设备配置情况和运行环境，确保定额能够反映实际消耗。写实法常被用于此类工作的定额编制，通过现场记录各项工作内容的消耗量，确保数据的准确性。

总的来说，定额编制的核心在于精准反映每项工作真实的消耗情况，并根据现场实际条件灵活调整。文件明确指出，安全监测等各类工作的定额编制需结合国家标准和南水北调中线工程的特殊要求，确保各项工作的预算科学、合理且具有可操作性。

5.2.2 定额编制方法

1. 编制依据

为确保定额编制的科学性、规范性与可实施性，本次研究在资料收集与参数设定过程中，系统参考了多层级、多类型的标准与制度文件，主要包括以下三类：

（1）国家、行业标准及技术规范。严格依据国家和行业发布的监测设计与运行标准，明确各类监测工作的技术边界、工艺流程和操作要求，为定额内容设置提供基础支撑。包括《水利水电工程安全监测设计规范》（SL 725—2016）、《水利水电工程安全监测系统运行管理规范》（SL/T 782—2019）、《水电工程安全监测系统专项投资编制细则》（NB/T 35031—2014）及《水电水利工程施工安全监测技术规范》（DL/T 5308—2013）等，为不同监测对象的作业内容和频次设定提供了技术依据。

（2）测量作业与监测技术规范。选取了多项测绘类标准，规范位移观测、光电测距及三角测量等关键工序的操作方法和技术精度，确保定额所依数据具备一致性与可比性。主要参考文件包括《国家一、二等水准测量规范》（GB/T 12897—2006）、《中、短程光电测距规范》（GB/T 16818—2008）及《国家三角测量规范》（GB/T 17942—2000）等。

（3）费用测算与成本控制。结合工程实际测定需求，参考了《工程勘察服务成本要素信息（2022 版）》（中设协字〔2022〕52 号）、《测绘生产成本费用定额（2009 版）》以及水利、水电、公路、建筑等相关行业的概预算编制规定等标准规范，对人工、材料、机械等消耗量进行了科学量化，为预算测算与定额经济性评估提供了系统支撑。

此外，研究还充分吸收了公司有关管理制度，结合工程量清单和各分公司现场实施资料，确保编制成果与工程实际运行情况紧密衔接，提升定额在执行环节的适配性与可落地性。

2. 编制思路

工程监测运行维护工作定额编制聚焦南水北调中线干线安全监测工作的典型作业特性与资源消耗结构，遵循"资料准备—现场测定—数据分析—编制定额"四个环节，形成系统性、数据驱动的编制路径。

（1）资料准备。围绕安全监测工作特点，系统收集国家标准、行业规范、测绘费用定额、工程资料和资源价格信息，梳理公司内部规章及典型合同资料，明确研究路径与工作内容。

（2）现场测定。在典型工作场景下采用写实法开展实地测定，重点记录人工、仪器、设备等要素的作业时间与使用频率，获取覆盖各类监测任务的原始数据，构建用于定额测算的基础数据库。

（3）数据分析。基于测定数据，结合行业标准单价体系，计算人工、材料、仪器设备等消耗定额与综合单价；同时通过与历史合同、现有成果进行横向对比，校验数据合理性，优化指标参数。

（4）编制定额。对全过程数据与测算逻辑进行整理归纳，明确各类作业子目的定额指标和成本结构，形成《南水北调中线干线安全监测日常项目预算编制规定及综合单价》和《南水北调中线干线安全监测日常项目预算定额》。

3. 编制方法

本研究以写实测定法与数据分析法相结合为核心方法，围绕南水北调中线工程运行期的监测工作特征，构建了一套具有科学性与工程适应性的定额编制方法体系。该方法体系以实地测量为基础、以定量建模为核心，旨在全面反映监测任务的工时构成、人员配置及设备资源消耗，为后续预算编制、作业组织与成本控制提供可靠支撑。

（1）写实测定法。通过对作业现场全过程的客观观察与记录，采集作业时间、人员分布、设备使用等基础数据的方法。它强调作业全过程的"实录性"，适用于需要还原操作行为、分析资源投入与效率结构的场景，尤其适合运维类工作的定额测算。例如，选取具有代表性的监测任务（如垂直位移、水平位移、沉降变形等），采用写实法开展实地测定。通过对作业开始时间、结束时间、人员构成、仪器使用频次、测量范围等参数进行全过程记录，确保各子项目的单位工作量与工时数据真实、可追溯、具代表性。

（2）数据分析法。指在获取初始测定数据的基础上，采用统计学手段对数据进行归类、筛选与加工处理，从中提取代表性参数与消耗规律的方法。其核心在于数据的系统整理与定额值的科学推导，保障定额成果具有可比性和推广性。基于初始测定数据，研究采用平均值、变异系数、偏差剔除等统计分析方法，提取稳定可靠的定额基础参数。在此基础上，结合设备使用成本、人员效率与作业难度系数，系统计算出人工、材料、设备的单位消耗量，并据此完成定额项目的定值固化与成本测算，同时与现行类似标准进行横向比对，提升成果的适用性和科学性。

5.3 预算构成

根据南水北调中线工程中工程监测运行维护工作实施情况，工程预算仅考虑工程监测运行维护工程费用。

5.3.1 工程费用

工程安全监测日常项目工程费用应按工程量乘以单项工程综合单价进行计算。

工程安全监测日常项目工程量根据《南水北调中线干线安全监测日常项目工作内容及工程量清单》并结合工程实际情况确定维修养护项目工程量。

5.3.2 综合单价

综合单价构成参照住房城乡建设部相关规定，同时借鉴了水利工程综合单价的计算方法。综合单价包括工程直接费、企业管理费、利润、规费、安全文明施工费和税金（见图 5-1）。

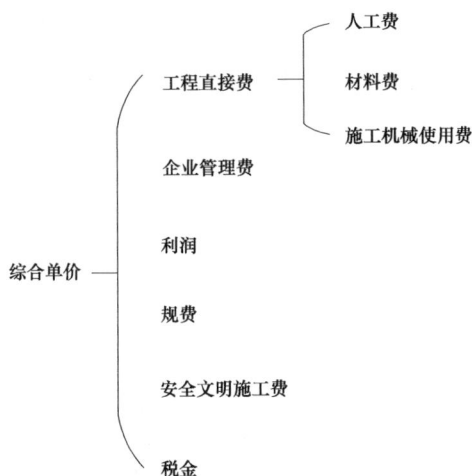

图 5-1　工程监测运行维护工作定额综合单价构成图

工程直接费不仅包括构成工程实体的人工费、材料费和施工机械使用费，还包含了为保证工程顺利实施而发生的必不可少的冬雨季施工增加费、二次搬运费、生产工具用具使用费、已完工程保护费和检验试验配合费等，均以人、材、机消耗量形式计入定额。

1. 人工费

人工费包括基本工资、奖金、津贴补贴、加班加点工资以及特殊情况下支付的工资。人工预算单价主要参考南水北调中线沿线相关省市有关规定，包括豫建标定、保住建发、石建价信、邢台市建设工程造价服务中心、邯郸市工程建设造价管理站、津住建建市函、北京市工程造价信息等，并根据本项目具体实测情况以及南水北调中线工程历年经验数据进行综合分析后确定。在此基础上，考虑到项目类型的多样性，安全监测项目根据工程在河南、河北、天津、北京分布地区的数量比例，调整各地区人工单价计算权重。

2. 材料费

材料费是指施工过程中消耗的主要材料、辅助材料、构件、半成品、零星材料，以及施工过程中一次性消耗材料及周转和摊销性材料的费用。

材料预算价格由材料原价、运杂费、采购及保管费组成。

3. 施工机械使用费

施工机械使用费指的是施工作业过程中产生的施工机械及仪器仪表的使用费或租赁费。施工机械使用费按施工机械台时耗用量乘以施工机械台时费计算，包括折旧费、修理及替换设备费、安装拆卸费、机上人工费和动力燃料费等。

（1）折旧费。折旧费是指施工机械在规定使用年限内回收原值的台时折旧摊销费用。

（2）修理及替换设备费。修理费是指在施工机械使用过程中，为保证机械持续处于正常运行状态而产生的各项费用，这些费用包括修理过程中所需的摊销费用、机械正常运转及日常保养所需的润滑油料和擦拭用品费用，以及机械保管相关的费用。

替换设备费指施工机械正常运转时所耗用的替换设备及随机使用的工具附具等的摊销费用。

（3）安装拆卸费。安装拆卸费是指施工机械在进出工地过程中，为完成安装、拆卸、试运转以及场内转移和辅助设施相关操作而产生的摊销费用。场外运费指的是将施工机械整机或拆分件从停放地点运输到施工现场，或从一个施工地点转运至另一施工地点时所产生的运输、装卸、辅助材料和架线等相关费用。

（4）机上人工费。机上人工费是指施工机械使用时机上操作人员的人工费用。

（5）动力燃料费。动力燃料费是指施工机械正常运转时所耗用的风、水、电、油和煤等费用。

4. 企业管理费

企业管理费包括管理人员工资、办公费、差旅交通费、固定资产使用费、工具用具使用费、劳动保险和职工福利费、劳动保护费、检验试验费、工会经费、职工教育经费、财产保险费、财务费用、税金（含城市维护建设税、教育费附加和地方教育附加）及其他。

5. 利润

利润按照规定计取。

6. 规费

规费主要包括按国家行政主管部门规定必须缴纳和企业计提的五险一金。规费计算以人工费、施工机械使用费之和为取费基数，按照规定的费率计算。

7. 安全文明施工费

安全文明施工费包括环境保护费、文明施工费、安全施工费、临时设施费等，取费基数为直接费、企业管理费、利润和规费之和。

8. 税金

税金是按国家和地方有关规定应缴纳的增值税。

9. 综合单价计算

工程监测运行维护综合单价计算见表 5-1。

表 5-1   **工程监测运行维护综合单价计算表**

序号	项目	计算式
1	工程直接费	人工费＋材料费＋施工机械使用费
1.1	人工费	$\sum$人工消耗量×人工预算单价
1.2	材料费	$\sum$材料消耗量×材料单价
1.3	施工机械使用费	$\sum$机械台时消耗量×台时单价
2	企业管理费	（人工费＋施工机械使用费）×企业管理费费率
3	利润	（人工费＋施工机械使用费）×利润率
4	规费	（人工费＋施工机械使用费）×规费费率
5	安全文明施工费	（1＋2＋3＋4）×安全文明施工费费率
6	税金	（1＋2＋3＋4＋5）×税率
7	综合单价	1＋2＋3＋4＋5＋6

5.4 定额实施情况

5.4.1 编制成果

本次工程监测运行维护工作定额的编制，秉承科学、严谨的态度，采用了现场实测法、专家调查法和统计分析法相结合的方法，经过深入研究和精心编制，取得了显著的成果。

在定额编制过程中，编制组深入现场，对 83 项关键安全监测项目进行了实地测量，确保数据的准确性和可靠性。同时，通过 22 项专家调查，汇聚了行业内的专业意见和经验，对定额的合理性和可行性进行了充分论证。此外，还对 20 项相关数据进行了深入分析，挖掘出安全监测工作的内在规律和特点。

工程监测运行维护工作定额编制工作形成了消耗量定额 98 项，这些定额详细列出了安全监测工作中所需的各种资源消耗，为项目成本控制提供了明确的标准。同时，形成了费用定额 27 项，明确了安全监测工作的各项费用支出，为企业的预算编制和财务管理提供了有力的依据。最终还形成了安全监测综合单价 125 项，为市场定价和合同签订提供了参考标准。

这些定额成果具有科学性、实用性和可操作性，为安全监测工作的规范化、标准化提供了有力的支撑。

5.4.2 成果应用

工程监测运行维护工作定额在工程实践中的推广应用已取得显著成效。

在预算管理方面，各运行管理单位广泛采用定额成果于年度预算编制与费用测算工作中，通过标准化的工时及资源消耗参数，使项目成本核算更加科学、精确，有效减少了以往依赖经验估算所带来的偏差。

在作业管理方面，定额成果被纳入一线操作规程，规范了作业流程，统一了作业标准，显著提升了现场执行效率，降低了因操作差异导致的质量波动风险。

在招投标工作中，定额成果作为标书编制与报价参考的重要依据，增强了采购活动的公平性、规范性与透明度。

在日常运行成本控制中，将定额参数嵌入内部费用核算与审批流程中，实现对人工投入和物资消耗的量化管理，切实提升了运维经费的可控性和执行合规率。

第6章 安保巡查工作定额

6.1 安保巡查工作定额内容及应用需求

6.1.1 安保巡查工作定额内容

安保巡查工作定额涵盖安全保卫、工程巡查和调度值班三类作业内容，旨在通过标准化手段明确各类岗位的工时、人员配置和资源消耗。该定额可实现对安保巡查各环节费用的全面核算，为构建精细化、标准化的预算管理体系提供有力支撑。安全保卫、工程巡查和调度值班三类作业的内容如下。

1. 安全保卫

安全保卫工作重点在于维护工程现场的治安秩序、管控外来干扰、应对突发事件。具体内容包括重要设施巡逻、门岗执勤、夜间值守、防爆器材管理等。因其值守时间长、工作连续性高，定额应重点体现人工强度分布、三班倒模式下的人员配置标准，以及防护装备、通信工具等物资的配备周期和消耗量。

2. 工程巡查

工程巡查面向工程实体本体与附属设施，主要职责包括大坝、渠道、泵站、边坡等区域的结构巡查、水工构筑物的隐患识别，以及环境安全状态记录。工程巡查具有点多、线长、需反复覆盖的特点，定额需重点考量巡查路线长度、频次、任务密度对工时与车辆使用的影响，同时纳入必要的图纸记录工具与便携设备消耗，如测距仪、巡查记录仪等。

3. 调度值班

调度值班是工程运行组织的中枢环节，涵盖对运行信息的适时监控、水情工情数据的接收与处理、突发事件的应急协调。其作业多为室内集中值守，但对操作人员信息判断、指令执行和系统操作要求较高。定额编制中需结合调度平台系统维护周期、运行电耗、数据通信费用等因素，测算固定值守人员的人工工时及其所依赖技术资源的运维成本。

6.1.2　安保巡查工作定额应用需求

在水利工程运维阶段，安全保卫、工程巡查及调度值班构成了保障工程安全稳定运行的重要支撑。由于此类工作以人力投入和基础物资配置为主，其定额编制需围绕人工费用测算、装备配置及运行支持进行系统研究，确保人力资源调配合理、运维成本可控、作业效率有保障。

（1）明确人工费用构成，建立岗位成本基线。安保与工巡岗位具有常态化、值守性特征，人工费用在定额中占比高。需结合实际岗位职责，对工资、福利、培训及工作强度等成本因素进行综合测算，形成符合岗位属性和工作周期的人工费标准，既保证用工稳定性，又支撑运维费用的合理控制。

（2）规范服装与装备配置标准，提升作业安全性。安保、巡查人员需配备统一的作业服装及必要防护装备。定额应明确各类装备的配置范围、更新周期及维护费用，如制服、防护头盔、对讲设备、防爆器材等，以适应复杂环境下的现场需求，并提升人员作业安全性与专业形象。

（3）量化巡逻与值守设备资源，确保响应效率。巡逻车辆、通信设备与调度系统是安保工巡快速响应和协同作业的重要保障。定额应覆盖车辆购置、运行与维护成本，同时考虑调度平台的软件维护与设备更新支出，形成包含日常消耗与系统保障的全成本定额体系，支撑岗位高效履职。

通过对安保巡查工作定额应用需求研究，有助于构建安保巡查作业资源配置标准，提升运维工作组织的专业性与经济性，为水利工程的长效运行提供稳定的人力物资保障。

6.2　定额编制要点

6.2.1　定额编制原则

针对安全保卫、工程巡查和调度值班三类工作的不同特点，定额编制原则分别说明如下。

1. 安全保卫

安全保卫工作负责对沿线设施、设备和工程资产进行保护，防止各类破坏、侵占和盗窃行为的发生。编制定额时应遵循以下原则：

（1）全面性与时效性。定额需涵盖日常安保工作和特殊时期（如重大节日或会议期间）24 小时值守要求。日常工作与非常规安保任务的定额编制必须分别处理，确保在不同情境下有足够的人力和资源配置。

（2）动态调整。安全保卫工作受季节、时段、沿线地理环境等因素影响较大，定额编制需根据任务复杂度、工作环境的变化进行灵活调整。例如，在沿线高风险区域或重点建筑设施周边，定额应适当增加人员和设备消耗。

（3）依赖人工与机械的协调：虽然安全保卫工作以人工为主，但在定额编制时也应充分考虑到监控设备、巡逻车辆等的使用频次和维护成本，确保人力和设备资源能够有效结合。

2. 工程巡查

工程巡查任务旨在通过定期巡查，保障沿线设施的正常运行，并监控工程结构的安全状态。定额编制时原则如下。

（1）巡查频次和路线标准化。巡查工作需依据南水北调中线工程管理的相关办法和标准，按照既定的频次和路线进行。定额编制应包括每次巡查的人工消耗、设备使用（如交通工具、检测设备等）的成本，以确保巡查工作能够按计划进行。

（2）问题记录与处理。工程巡查不仅是发现问题，还涉及问题记录、报告和处理的工作环节。定额编制应将这些后续工作的消耗一并纳入，确保在问题出现后能够及时处理和跟进。

（3）特殊环境适应性。南水北调中线工程跨越多个省市，地理环境复杂。不同区域的巡查工作条件差异较大，定额编制需根据地形、水文条件、工程复杂度等因素进行调整，保证定额的适用性。

3. 调度值班

调度值班的核心任务是确保供水调度的准确性和及时性，保障各类运行指令的正常执行。定额编制需要遵循以下原则：

（1）适时监控与响应速度。调度值班工作要求对供水、设备运行状态等进行适时监控，必要时还需迅速响应突发事件。因此，定额编制需将全天候值班的人工成本、设备维护成本等纳入，确保系统能够持续高效运行。

（2）技术与人力的结合。调度值班涉及大量自动化监控系统的操作和维护，如监控设备、传输系统等。定额编制时应充分考虑这些技术设备的使用频次、维修需求，并将其与人员工资、值班津贴等一并列入预算。

（3）应急事件的预案与支持。调度值班定额编制应考虑到突发事件应对（如防汛应急、设备故障等）的成本，确保值班人员和系统能够随时应对各种紧急情况，保障工程的安全运行。

综上所述，定额编制的关键在于准确反映每项工作的实际消耗，并结合现场实际条件进行灵活调整。文件明确要求，各项工作的定额编制包括安全保卫、工程巡查以及调度值班必须同时参照国家标准和南水北调中线工程的特殊要求，以确保预算既科学合理，又具有良好的可操作性。

6.2.2 定额编制方法

1. 编制依据

在安保巡查工作定额的编制过程中，依据体系的系统性与权威性直接关系到定额成果的科学性和适用性。为确保定额数据的规范合理与实际可行，本次研究在编制依据方面主要从费用构成与计价规则、技术规范与作业标准、现场制度与实施资料三大方面建立了完备的支撑体系。

（1）费用构成与计价规则。严格参照了国家和行业关于工程预算与费用组成的相关政策文件，包括《建筑安装工程费用项目组成》（建标〔2013〕44号）、《水利工程设计概（估）算编制规定》（水总〔2014〕429号）、《水电工程费用构成及概估算费用标准》（NB/T 11409—2023），以及《电网工程建设预算编制与计算标准》（国能电力〔2019〕81号）等，明确了人工、材料、机械、措施费等组成内容与计价方法。此外，也充分吸收了《建设项目总投资费用项目组成（征求意见稿）》（建办标函〔2017〕621号）等相关规范精神。在人工成本方面，依据《工资总额组成的规定》（国家统计局〔1990〕第1号令）、《行业人工成本信息指导制度通知》（劳社部发〔2004〕30号）、《企业会计准则第9号——职工薪酬》（财会〔2014〕8号）等政策文件，科学界定了人工费结构及其计算方式。

（2）技术规范与作业标准方面。本次定额编制系统引用了南水北调中线干线工程自身制定的管理规范与岗位标准，如《安全保卫管理标准》（QNSBDZX 210.03—2019）、《保安员岗位标准》（QNSBDZX 332.30.03.09—2019）、《安保装备使用维护技术标准》（QNSBDZX 109.01—2019）等，对安保、工程巡查、调度值班等岗位的职责范围、作业频率与装备要求等进行了详尽界定，确保各类作业任务在定额中的指标设定符合技术规范、贴近实际运作。同时，《工程运维调度配合管理标准》（QNSBDZX 201.03—2022）、《防汛值班工作制度》（QNSBDZX 209.02—2018）以及《工程巡查工作手册》等也为调度值班等工作内容提供了制度性支撑。

（3）现场制度与实施资料。定额编制以南水北调中线干线公司及各分公司日常运维中的实践数据为基础，广泛参考了公司内部管理制度、工程量清单、历年合同与运维记录、地方调研成果等，确保定额指标建立在真实、可追溯的工作场景与消耗数据之上。

这些资料不仅有助于补充技术标准中未明示的细节，也增强了定额成果的实操性与现场适配性。

安保巡查工作定额的编制以国家政策为上位指导，以企业标准为技术依托，以现场数据为实际支撑，构建起结构清晰、逻辑严密、来源可靠的编制依据体系，为今后相关预算测算和标准化管理提供了扎实基础。

2. 编制思路

为确保成果具备现实基础与政策支撑，研究结合实地调研、行业标准与现场数据分析，系统构建了涵盖调研与资料收集、人工费用构成研究、人工等级与地区类别划分及人工预算单价测算的完整编制思路。

（1）调研与资料收集。编制工作的首要环节是系统开展调研与资料收集。依据研究大纲要求，深入分析国家相关政策、行业规范、工程资料及企业管理制度，重点掌握人工费用构成、岗位设置、区域工资水平等关键数据。同时，结合典型工程的合同资料和市场调研结果，为后续人工费用测算和等级划分打下坚实基础。

（2）人工费用构成研究。在资料分析基础上，研究全面梳理人工费用的构成逻辑。包括薪资、社保、福利、培训、绩效激励等多个维度，并对国家政策、行业标准与实际执行情况进行对比分析。通过辨析政策规定与现场成本之间的差异，提出更贴近实际、可操作的人工费用构成方案，作为人工单价测算的依据。

（3）人工等级与地区类别划分。为提升定额的适应性与分级精度，研究对人工等级和地区类别进行划分。通过参考水利、电力、建筑等行业分类方法，结合调研获取的市场薪酬数据，制定人工等级划分标准和地区差异系数。该划分将作为定额系统内部分类测算与分区域管理的依据。

（4）人工预算单价测算。在明确费用构成与等级划分的基础上，采用行业通行方法对人工预算单价进行测算。分析企业管理费、现场管理费和各类附加费率水平，结合各工种职责、劳动强度及技能要求，科学设定各类人员的人工单价。该测算结果将作为定额中人工费核心参数，为后续费用控制和标准制定提供量化依据。

3. 编制方法

结合南水北调中线干线工程的岗位实际与管理需求，主要采用了写实测定法、统计分析法和对比分析法三种方法，为定额的精准性、可行性和适应性提供了坚实支撑。

（1）写实测定法。写实测定法作为基础数据采集方式，通过对安全保卫、工程巡查、调度值班等典型岗位的全过程记录，详细捕捉了值守周期、巡查频率、操作流程、装备使用等实际工况。特别是在24小时轮班制、重大节假日值守、极端天气应急等典型情境下，记录了人员配置、车辆调度、仪器使用等关键参数，确保所采集数据具有现场真实性和可操作性，为定额的人工工时、装备消耗、机械使用等指标测定奠定了基础。

（2）统计分析法。统计分析法用于对测定数据和调研资料进行归类、计算与结构化处理。通过分析人工费的构成内容（如工资、保险、福利、培训等），结合市场调研结果与政策规定，建立了人工费用的测算模型。同时，基于各类岗位职责、作业周期与物资需求，量化了装备维护成本、车辆燃油费用及系统维护支出，形成了涵盖人力与物资双维度的成本测算框架。

（3）对比分析法。对比分析法贯穿于定额测算成果的评估和校验阶段。研究过程中将自编成果与国家相关标准、行业同类岗位定额、南水北调现行合同单价进行横向对比，识别差异项并进行参数调整，确保各项指标在保障工作质量的基础上，符合成本控制目标与行业通行水平。

安保巡查工作定额编制在写实基础上展开，在数据处理中形成结构化成果，在结果输出时注重横向适配，三种方法形成了"采集—分析—校核"的闭环逻辑。该方法体系不仅提升了成果的科学性和适用性，也为南水北调中线工程安保巡查工作的预算控制与标准化管理提供了可靠支撑。

6.3 预算构成

根据南水北调中线工程安保巡查工作的实施情况，工程预算仅考虑安保巡查工作工程费用。

6.3.1 工程费用

安保巡查工程费用应按工程量乘以单项工程综合单价进行计算。

安保巡查工程量结合工程实际情况确定。

6.3.2 综合单价

安保巡查的综合单价由人工费、企业管理费、利润和税金构成。

1. 人工费

根据国家相关政策与行业规定分析发现，人工费构成在国家统计局、原劳动部及财政部的规范以及各行业实际应用中存在一定差异。结合对现场实际情况的调研进行综合分析，安保巡查工作定额中人工费包括基本工资与辅助工资、社保支出与住房公积金、企业年金和补充医疗、党建活动经费和党组织工作经费、职工福利费。

（1）基本工资与辅助工资。基本工资由技能工资和岗位工资组成。技能工资是指根据不同技术岗位对劳动技能的要求和职工实际具备的劳动技能水平及工作实绩，经考试、考核合格确定的工资；岗位工资是指根据职工所在岗位的责任、技能要求、劳动强度和劳动条件的差别所确定的工资。工资支出包含实际到手收入和社保个人缴费两部分。

（2）社保支出与住房公积金。社会保险是为丧失劳动能力、暂时失去劳动岗位或因健康原因造成损失的人口提供收入或补偿的一种社会和经济制度。社会保险的主要项目包括养老保险、医疗保险、失业保险、工伤保险和生育保险。

住房公积金是指国家机关、国有企业、城镇集体企业、外商投资企业、城镇私营企业及其他城镇企业、事业单位、民办非企业单位、社会团体（统称单位）及其在职职工缴存的长期住房储金。

（3）企业年金和补充医疗。企业年金是指企业在国家政策的指导下，根据自身经济实力和经济状况建立的，为本企业职工提供一定程度退休收入保障的补充性养老金制度。补充医疗是相对于基本医疗保险而言的，指企业按规定参加当地基本医疗保险，在城镇职工基本医疗保险制度支付的待遇以外，对由职工个人负担的医药费用给予适当补助，以减轻参保职工医疗费负担的制度。

（4）工会经费与职工教育经费。工会经费是工会组织开展各项活动所需要的费用，职工教育经费是企业按工资总额的一定比例提取用于职工教育事业的一项费用，是企业为职工学习先进技术和提高文化水平而支付的费用。

（5）党建活动经费和党组织工作经费。党建活动经费是指基层党组织开展"三会一课"、主题党日活动、党员和入党积极分子教育培训、学习调研等活动的经费；党组织工作经费是指基层党组织开展与党的建设直接相关的工作的经费。

（6）职工福利费。企业职工福利费是指企业为职工提供的除职工工资、奖金、津贴、纳入工资总额管理的补贴、职工教育经费、社会保险费和补充养老保险费（年金）、补充医疗保险费及住房公积金以外的福利待遇支出，包括发放给职工或为职工支付的以下各项现金补贴和非货币性集体福利：为职工卫生保健、生活等发放或支付的各项现金补贴和非货币性福利；企业尚未分离的内设集体福利部门所发生的设备、设施和人员费用；职工困难补助，或者企业统筹建立和管理的专门用于帮助、救济困难职工的基金支出；离退休人员统筹外费用；按规定发生的其他职工福利费，包括丧葬补助费、抚恤费、职工异地安家费、独生子女费、探亲假路费等。

2. 企业管理费

企业管理费是指承包人组织施工生产和经营管理所发生的费用。主要包括管理人员工资、办公费、差旅交通费、固定资产使用费、工具用具使用费、劳动保险和职工福利费、劳动保护费、检验试验费、财产保险费、财务费、税金及其他等一系列费用。

3. 利润

利润按照规定计取。

4. 税金

税金主要包含增值税、城市维护建设税、教育费附加、地方教育附加税、残疾人保障金五项内容。

5. 综合单价计算

安保巡查综合单价计算按照表 6-1 进行。

表 6-1 　　　　　　　　　　　安保巡查综合单价计算表

序号	项目	计算式
1	人工费	根据标准确定
2	企业管理费	人工费×企业管理费费率
3	利润及税金	
3.1	利润	(1＋2＋3)×利润率
3.2	增值税	收入×税率
3.3	城市维护建设税	增值税×税率
3.4	教育费附加	增值税×税率
3.5	地方教育附加税	增值税×税率
3.6	残疾人保障金	工资、薪金总额×税率

6.4　定额实施情况

6.4.1　编制成果

安保巡查工作定额编制工作秉持科学、严谨、实用的原则，综合运用了现场实测法、统计分析法以及对比分析法等多种方法，经过深入研究和精心编制，取得了显著成果。

在定额编制过程中，对安全保卫、工程巡查和调度值班工作的各个环节进行了实地调研和测量，确保了数据的准确性和可靠性。同时，通过专家调查，汇集了行业内的专业意见和经验，从而对定额的合理性和可行性进行了充分论证。定额详细列出了安全保卫、工程巡查和调度值班工作中所需的各种资源消耗和费用支出，为相关工作的规范化、标准化提供了有力支撑。此外，还对相关历史数据进行了深入分析，挖掘出安全保卫、工程巡查和调度值班工作的内在规律和特点。

经过努力，共编制了 76 项综合单价，这些综合单价不仅考虑了人工成本的实际情况，还综合了深化改革、提质增效以及工作管理模式优化等多方面因素，确保了定额的科学性和实用性。

6.4.2　成果应用

定额成果编制完成后，在项目管理、企业经营管理以及行业规范与发展等多个方面得到了广泛应用和推广，效果显著。

在项目管理方面，定额成果成为安全保卫、工程巡查和调度值班项目计划、预算编制和成本控制的重要依据。项目管理人员可以利用定额数据更精准地估算项目成本，合理配置资源，从而显著提升项目管理效率。同时，在招投标过程中，定额成果作为标书编制的重要参考，帮助招标方和投标方更清晰地了解项目需求和成本构成，促进了招投标的公平、公正和透明。

在企业经营管理领域，定额成果为制定安全保卫、工程巡查和调度值班等服务的价格提供了可靠依据，不仅有助于企业合理定价，还能进一步提升市场竞争力。企业可以借助定额成果更精确地核算服务成本，从而为盈利分析和决策制定提供坚实的依据。

此外，定额成果作为企业内部管理的重要工具，通过标准化安全保卫、工程巡查和调度值班的工作流程，有效提升了工作效率和服务质量。在行业规范与发展方面，定额成果不仅为主管部门制定相关政策和规范提供了有力参考，还有效推动了安全保卫、工程巡查和调度值班工作的标准化和规范化进程。定额的编制和应用填补了行业内的空白，为其他类似工作的定额编制提供了借鉴和参考。同时，定额的推广也提高了整个行业对安全保卫、工程巡查和调度值班工作的重视程度，促进了相关技术的进步和创新。

第 7 章　造价管理信息化

7.1　信息化建设的背景

南水北调中线工程自 2014 年全线通水以来，工程在信息化建设方面持续推进。各类信息化基础设施，包括网络、机房、安全保障体系等，均已陆续建成，涵盖了调度系统、工程巡查系统、OA 办公系统、水质监测系统及财务系统等专业应用系统的建设和完善。近年来，随着公司改制和管理体制的优化，尤其是造价管理的归口化，公司开始着手构建更加高效、精准的信息化管理体系。

在此背景下，信息化建设成为提升造价管理效率和准确性的关键途径。尤其是在造价管理的实际工作中，传统的手工计算和通用造价软件已无法满足日益复杂的需求。传统软件大多提供的是省（市）及部颁的标准定额。因此，建设自有的造价管理平台成为公司提升造价管理水平、优化定额应用、提高工作效率的重要途径。

本平台建设的核心目标是通过信息化手段，将大量的散乱纸质数据、企业级定额以及维修养护造价数据进行数字化整理，支持定额编制、审核、数据分析等功能的自动化和智能化。利用大数据、人工智能等先进技术，平台不仅能提供便捷高效的工具，还能通过精准的数据分析为企业决策提供有力的支持。

通过信息化建设，南水北调中线工程将能够更好地发挥企业级定额的应用价值，并提升造价管理的精度和效率。未来，该平台将支撑定额库的管理和迭代更新，同时为公司内部各级人员提供数据支持和决策依据，为公司的高质量发展和深化改革提供坚实的技术保障。

7.2　信息化建设的必要性

南水北调中线工程覆盖地域广阔，跨越多个省份与流域，工程点多面广、运维周期长，定额管理工作涉及要素众多、环节复杂。随着维护需求不断提升，传统依赖手工处理的定额管理模式在数据处理效率、管理精度、协调能力等方面的不足日益显现。为满足工程运行保障现代化、科学化、高效化的管理需求，推进定额管理的信息化建设已成为必然选择。其必要性主要体现在以下四个方面：

1. 数据管理集成化，提升信息处理能力

南水北调中线工程在定额管理中需处理大量数据，包括人工工时、材料消耗、机械台班、装备使用频率等。信息来源分散、口径不一，传统手工处理方式难以满足精准、全面的数据管理要求。信息化系统通过统一的数据结构和标准化接口，构建集中式数据平台，实现对各类定额数据的集中采集、校验、存储与调用。系统内置逻辑校验机制，自动识别错误或重复数据，确保信息的完整性和准确性，从源头提升数据质量。

2. 核算机制自动化，增强作业效率与计算精度

信息化系统具备自动核算与智能分析能力，能够根据预设模型快速完成人工费、材料费、设备费等指标的预算和审算，显著提升工作效率。系统可对历史数据进行趋势分析与差异识别，发现异常数据并提出修正建议，从而提高定额测算的精准度。尤其在南水北调这样点多面广的工程中，自动化核算不仅节省人力成本，更减少了人为操作误差，有力支撑了科学决策与动态控制。

3. 平台协同网络化，强化跨区域管理能力

中线工程运维单位分布广泛、任务分工复杂，定额管理需要实现多层级、多区域的数据协同与政策一致。信息化系统依托网络平台，实现不同分公司、管理段之间的数据互联互通与流程同步，使定额标准与实际执行情况能够跨区域有效衔接。平台具备权限管控、信息共享、数据同步等功能，既保障数据安全，又提升了跨单位协同效率，是构建工程一体化管理机制的核心工具。

4. 管理过程可视化，提升动态响应与风险控制能力

在信息化平台支持下，定额管理可实现全过程监控与动态调整。系统可实时更新人工、材料、设备等价格参数，并根据现场数据变化自动推送定额调整建议，确保核算成果紧贴实际。同时，平台具备全流程留痕与可追溯功能，每一项定额数据的修改、使用与审定记录均可被回溯和验证，极大提升了管理透明度。通过智能预警与决策辅助功能，信息化系统还可提前识别潜在偏差，降低预算超支或资源浪费风险。

信息化建设已成为提升南水北调中线工程定额管理水平的关键路径。其在数据集成、作业自动化、跨域协同与风险管控等方面展现出明显优势，不仅大幅提高了管理效率与准确性，也为工程全生命周期成本控制和持续运行稳定提供了坚实技术支撑。

7.3　定额管理体系信息化平台建设

在南水北调中线工程的定额管理体系中，信息化平台的建设是实现高效管理和准确

预算的重要手段。信息化平台的设计与建设不仅能够提高管理效率，还能够确保工程数据的时效性、完整性和可追溯性。南水北调中线工程定额管理信息化平台的建设方案围绕数据的收集、处理、分析、共享和应用展开，平台应具备强大的数据处理能力、智能分析功能、实时监控功能和用户友好性，确保工程的定额管理高效、准确。平台的建设方案可以从以下几个方面进行分析和规划。

1. 平台架构设计

信息化平台的架构设计是整个建设方案的核心，必须具备系统的灵活性、可扩展性和稳定性，能够支持多个功能模块并行工作，确保平台能够满足定额管理的各类需求。

（1）模块化架构。平台应采用模块化设计，确保各个功能模块能够独立运行，并能灵活扩展。例如，可以将平台划分为数据输入模块、预算编制模块、费用核算模块、数据分析模块和报告生成模块等子系统。每个子系统独立执行其特定的任务，又能够通过统一接口进行数据共享和集成，确保系统的协同工作能力。

（2）云端与本地结合。平台可以采用云端与本地相结合的方式部署，确保数据能够集中化管理，同时支持各地分公司的本地操作。例如，各施工单位可以通过本地终端上传数据，平台在云端对数据进行汇总和分析。这种架构能够提升数据处理的效率，增强数据的安全性，并提高存储的灵活性。

2. 数据标准化与管理

平台的核心功能之一是对定额数据的管理与标准化处理。通过信息化平台，所有与定额管理相关的数据，包括人工、材料、机械台班等数据，必须按照统一的标准进行处理，以确保数据的准确性和可用性。

（1）数据标准化处理。平台在数据输入环节应设置标准化表单，确保所有数据均按照预定的格式和标准进行输入。例如，人工费用、材料费用等数据项应设置为统一格式，避免人工输入时出现数据格式不一致的情况。此外，平台还应提供数据校验功能，确保数据在录入时自动校验，减少数据录入的错误。

（2）数据集中管理。平台应能够将来自不同施工单位、不同区域的定额数据进行集中管理。通过建立统一的数据中心，平台能够实现数据的统一存储、处理与分析。数据中心应具备强大的数据存储能力和备份功能，确保数据的安全性和完整性。

3. 智能化功能

南水北调中线工程定额管理信息化平台应具备智能化功能，帮助管理者高效处理数据、编制预算并作出科学的决策。

（1）智能预算编制。平台应集成智能预算编制功能，能够根据历史数据和当前项目的实际情况，自动生成合理的预算方案。智能预算编制应基于定额库中的标准数据，通过历史数据的对比与分析，提供准确的预算建议，减少人工编制预算的工作量，提高预算的精准度。

（2）智能分析与预测。平台应具备大数据分析功能，能够对历史数据进行深入分析，预测未来项目的定额需求。例如，平台可以通过对不同项目的材料消耗和人工费用的历史数据进行分析，预测未来可能的市场波动，并为管理者提供提前调整预算的建议。

4. 适时监控与数据反馈

定额管理的一个重要任务是确保数据反馈和监控施工现场的定额使用情况。信息化平台必须具备数据监控功能，能够对施工过程中发生的所有费用、资源消耗进行跟踪和反馈。

（1）适时监控系统。平台可以通过传感器、物联网设备等手段获取施工现场的数据，包括材料消耗、机械使用情况、人工投入等。所有数据及时上传至平台，供管理者随时查看和分析，确保定额使用的透明性和准确性。

（2）动态调整功能。在施工过程中，定额的实际使用情况可能与预定计划有所偏差。平台应具备动态调整功能，能够根据实际施工进展和现场数据，及时调整定额标准与预算，确保项目预算与实际消耗相符。例如，平台可以根据材料价格的变化，自动调整预算编制中的材料费，避免因市场波动造成预算超支。

5. 数据共享与协作

南水北调中线工程涉及多个部门和单位的协作，信息化平台应具备强大的数据共享功能，支持跨部门、跨区域的数据协同。

（1）多部门协作平台。平台应支持多用户、多部门协作操作，不同的管理者可以根据权限在平台上查看、编辑相关定额数据。例如，施工单位、监理单位和管理方可以通过平台共享项目信息，实现无缝协作。同时，平台应具备严格的权限管理功能，确保不同角色的用户只能访问其权限范围内的数据，保障数据的安全性。

（2）数据可视化展示。平台应提供丰富的可视化工具，帮助用户直观展示定额数据和预算信息。通过图表、仪表盘等形式，管理者可以更清晰地了解各类费用的消耗情况和工程进展，便于作出及时的管理决策。

6. 平台的安全与稳定性

定额管理信息化平台的建设，必须考虑其安全性与稳定性。南水北调中线工程涉及的大量数据必须受到严格保护，防止数据泄露或丢失。

（1）数据安全与备份。平台应具备完善的数据安全机制，包括数据加密、访问控制、权限管理等多重手段，确保数据的保密性和完整性。同时，平台必须提供定期的数据备份功能，确保在突发情况下数据不会丢失。云端存储应具备自动备份和恢复功能，提升数据管理的安全性。

（2）系统稳定性与容错机制。平台在建设时还应具备高可用性和容错机制，确保在高并发和高负载的情况下系统能够稳定运行。例如，在大规模施工单位同时访问平台时，系统能够保持快速响应，不会因负载过高导致系统崩溃。

7. 用户培训与支持

为了确保平台的有效应用，信息化平台建设方案中还应包括对用户的培训与支持计划。

（1）培训与指导。平台开发完成后，必须对施工单位、管理部门等相关用户进行全面的培训，确保他们能够熟练使用平台的各项功能。培训内容应包括平台的操作流程、数据输入与管理、智能分析使用等方面。

（2）技术支持。平台运营期间，必须提供技术支持服务，确保用户在使用过程中遇到问题能够得到及时解决。平台还应具备在线帮助系统，提供常见问题解答和操作指导，方便用户快速解决使用中的问题。

综上所述，南水北调中线工程定额管理信息化平台的建设方案涵盖了平台架构设计、数据管理、智能化功能、适时监控、数据共享与协作、安全性与用户支持等多个方面。通过信息化平台的建设，定额管理体系可以实现数据标准化处理、智能预算编制、适时监控与动态调整，提升管理效率和准确性，为工程顺利实施提供坚实的技术支持。

7.4 数字化时代企业加强定额管理的建议

在当今信息化蓬勃发展的时代，定额管理正经历着从传统人工作业向智能化、系统化转型的深刻变革。充分利用数字化技术和信息平台能够让企业在定额管理的效率、准确度与灵活性方面取得重大突破。然而，企业要想切实收获这些技术带来的收益，就必须在数据基础建设、智能化水平提升、流程优化、人员能力提升以及安全合规等多个维度上协同推进，才能夯实数字化定额管理的基础。

1. 加强数据基础建设

数据在信息化定额管理中扮演着极为重要的角色。首先，企业需要着力提升数据采集与整合的能力，通过传感器、项目管理软件和智能化工具等多样化手段，广泛收集包括工程进度、资源消耗和市场价格在内的各类信息，并保证数据的高质量与一致性。与此同时，企业应建立一套完善的定额库，将标准定额、企业自编定额以及历史数据整合到统一的体系中，并通过动态维护方式让定额库能够及时反映市场和工程环境的变化。

为了确保在不同系统或部门之间进行数据交换时不会产生矛盾或冲突，企业还应制定统一的数据输入格式和处理流程，实现数据的标准化管理。在此基础上，数据的完整性、准确性和规范性将成为信息化平台实现高效定额管理的前提条件。

2. 提升智能化水平

随着人工智能和大数据分析技术的快速发展，企业在定额管理工作中可以大幅度提升智能化程度。通过引入 AI 算法，企业能够实现自动化的定额计算与审核，利用机器学习模型持续优化定额计算规则，并基于大数据分析工具识别成本偏差和潜在风险。通过建立智能化决策支持系统，管理层可掌握市场趋势、行业动向等关键信息，并快速得到科学、精准的决策建议。此外，在关键环节引入自动化流程与智能监控，可最大限度地减少人工作业带来的失误和延误。系统可对定额执行过程进行动态调整，一旦检测到异常或偏差，便能即刻提示，及时修正，从而保证定额数据与实际项目情况的高度匹配。

3. 优化定额管理流程

在信息化建设中，优化管理流程同样是提升定额管理效率和质量的关键一环。通过流程的标准化和自动化，企业可在定额编制、审核、计算等环节大量减少手工操作，实现更高效的定额处理。与此相配合，跨部门的协同合作也不可或缺。借助信息化平台，财务、工程、采购等部门能够实现定额数据的共享与联动，消除信息孤岛带来的沟通障碍。同时，企业需要建立定期评估和反馈机制，持续跟踪平台运行效果，对定额管理的准确性和流程环节的合理性进行分析与改进。只有通过不断地自我评估与优化，信息化平台才能为定额管理提供坚实而持久的助力。

4. 提升人员技能与管理水平

信息化技术要想在定额管理中真正落地，还需要员工具备相应的技能和专业知识。为此，企业应针对不同层级和岗位的人员开展系统化的信息化技能培训，让大家熟练掌握平台功能的基本操作、数据录入方式以及智能化功能的应用。同时，定额管理人员也需要具有扎实的专业知识，以便在面对复杂多变的工程环境时作出准确的编制和审核判断。在此基础上，企业可建立行之有效的激励与考核机制，把平台使用效率和定额管理准确度等指标纳入绩效体系，引导员工积极投入信息化定额管理的实践工作，并不断提升其工作成果的质量。

5. 加强平台的安全性与合规性

信息时代下的数据安全与隐私保护对企业来说至关重要。在定额管理平台的构建与运行中，企业应采取多重数据加密、访问控制、防火墙配置等技术措施，确保敏感信息的完整性与保密性。此外，必须遵从相关法律法规和行业标准，既要守住合法合规的红线，也要对造价管理领域的监管要求保持高度重视。只有在确保技术层面与合规层面均无后顾之忧的情况下，信息化平台才能稳步运行并不断发挥价值，为定额管理体系的转型升级提供可靠支持。

总体而言，信息化为企业定额管理带来了突破性的发展机遇。通过构建高质量的数据基础、引入智能化技术、优化流程协同、强化人员能力建设以及确保安全与合规，企业能够显著提高定额管理的效率与精准度，在工程成本控制和项目管理中获得更大的主动权。然而，这一过程并非一蹴而就，需要企业各层级的共同努力与持续投入。只有通过多角度、全方位的协同发力，才能让信息化技术与定额管理充分融合，从而为企业的可持续发展提供坚实有力的支撑。

第 8 章 定额管理体系的持续优化与改进

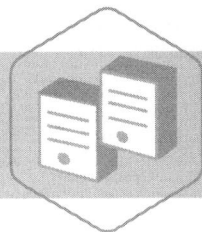

8.1 四类定额的协调统一性

土建工程维修养护工作定额、信息机电工程检修工作定额、工程监测运行维护工作定额在综合单价上的构成内容是具有高度统一性的，从定额的编制原则、方法，到综合单价的计算，均具有高度协调性（见表 8-1）。

表 8-1 土建工程维修养护工作定额、信息机电工程检修工作定额、工程监测运行
维护工作定额综合单价构成对比表

土建工程维修养护、工程监测运行维护综合单价			信息机电工程检修综合单价		
序号	项目	计算式	序号	项目	计算式
1	直接费	基本直接费＋其他直接费	1	直接费	基本直接费＋其他直接费
1.1	基本直接费	人工费＋材料费＋施工机械使用费	1.1	基本直接费	人工费＋材料费＋施工机械使用费
1.1.1	人工费	∑人工消耗量×人工单价	1.1.1	人工费	∑人工消耗量×人工单价
1.1.2	材料费	∑材料消耗量×材料单价	1.1.2	材料费	∑材料消耗量×材料单价
1.1.3	施工机械使用费	∑机械台时消耗量×台时单价	1.1.3	施工机械使用费	∑机械台时消耗量×台时单价
1.2	其他直接费	（人工费＋施工机械使用费）×费率	1.2	其他直接费	基本直接费×其他直接费率之和
2	企业管理费	（人工费＋施工机械使用费）×费率	2	间接费	人工费×间接费费率
3	利润	（人工费＋施工机械使用费）×费率	3	利润	（1＋2）×利润率
4	规费	（人工费＋施工机械使用费）×费率			

续表

土建工程维修养护、工程监测运行维护综合单价			信息机电工程检修综合单价		
序号	项目	计算式	序号	项目	计算式
5	安全文明施工费	(1+2+3+4)×费率			
6	税金	(1+2+3+4+5)×费率	4	税金	(1+2+3)×税率
7	综合单价	1+2+3+4+5+6	5	综合单价	1+2+3+4

在信息机电工程检修工作定额中，间接费包含规费、企业管理费和安全文明施工费，因此在综合单价包含的内容范围上具有一致性。

虽然在安保巡查工作定额中，由于工作方式、工作内容、管理方式等多方面因素影响，人员值守、巡逻、调度监控等无法像土建维修中排水沟修复、机电中闸门检修或安全监测外观数据采集一样确定工序形成消耗量定额，但是在综合单价的构成上，依旧按照人工费、材料费、机械费进行区分，并且考虑了企业管理费、利润、税金等费用，从内容构成上同其他定额保持协调统一。

8.2 定额管理体系的优化

随着南水北调中线工程进入常态化运行阶段，工程运维工作日益细化，项目内容持续拓展，定额管理体系在支撑精细化管理、控制运维成本、提升管理效率等方面的作用愈发凸显。当前，已初步建立起覆盖土建绿化、水下衬砌板修复、信息机电、工程监测、调度值班、安保工巡等多个关键领域的定额管理框架，为计划制定、预算编制、资源投入及成本控制提供了坚实的技术基础。

尤其在日常维修养护、设备检修、安保巡查和应急响应等工作中，定额标准的科学性直接关系到资金配置效率、作业组织水平和管理响应能力。随着工程管理理念的不断发展，传统定额体系的结构边界和应用模式也面临更高要求，如何推动其与新型作业方式、新技术手段、数字化工具深度融合，成为提升管理效能的核心命题。

1. 新增项目定额的系统构建

工程运维的实践中持续涌现出大量新型项目，如远程监控系统运维、智能安防设备维护、巡检无人机操控、水下机器人作业等，这些项目的作业方式、资源配置与传统工程项目存在明显差异。为了适应上述变化，有必要加快新增项目定额的研究与制定。

新增定额的编制应当坚持科学性、实用性和可操作性原则，依托"现场调研－专家建模－数据分析－实测验证"的全过程机制展开。前期通过深入项目一线、搜集施工与运维数据，准确把握各类新工序的资源消耗模式；中期借助专家团队梳理工艺流程、分析工作内容；后期结合样本工程开展实地测算和定量验证，最终形成可推广、可复制、可执行的标准化定额条目。例如，在智能巡检系统中，可将"设备巡视－图像识别分析－远程故障诊断"拆分为多个定额子项，分别核定其人工时、材料消耗及设备能耗等资源指标，实现标准化管理。

同时，应充分借助信息化平台和数据资源，广泛整合历史项目数据、市场价格信息和设备运行参数等，构建以数据为支撑的动态测算模型。通过数据驱动的方式不断提升定额的适应性和预测性，使新增项目定额能够及时响应新技术、新需求的变化。

2. 现有定额内容的深入优化

在原有定额体系广泛应用的基础上，伴随施工工艺优化、设备智能化升级、人员结构调整等变化，定额标准也需要进行更加细致的梳理和持续性的调整，以保持其与实际施工和运维的同步适配。

为此，需构建"测算—验证—反馈—优化"四位一体的闭环机制，强化工程现场数据采集的系统性与代表性。通过组织专业技术人员深入现场，对人工投入、材料用量、机械台时等核心指标进行原始数据采集，并结合施工日志与财务记录，对现行定额中的各类资源消耗进行科学分析。信息系统的辅助功能也将为优化提供重要支撑，建立定额动态数据库，实现版本管理、历史追溯与趋势分析，使修编过程更为高效、透明与可控。

修编过程中，应构建层级清晰的组织体系，从项目部、分管公司到集团总部形成高效联动的工作机制，分别负责原始数据的采集与初步核算、比对分析与试算修订，以及技术审定与标准发布，确保定额优化既有数据依据，也具系统协调性。通过这种方式，现有定额内容将在精准性、合理性与适用性等方面持续提升，进一步增强其对工程实践的引导力与支撑力。

3. 覆盖范围的持续拓展与延伸

在工程管理不断深化的过程中，定额体系所覆盖的领域也在不断拓宽。当前定额管理体系已涵盖传统的土建、绿化、机电、工程监测等常规工程内容，但随着绿色发展理念的深化、新兴工程形态的涌现，以及信息化建设的快速推进，更多涉及智能化、环保化、系统化的新型工程场景亟待纳入统一的定额体系中加以规范与支撑。

未来，定额管理体系可进一步向"绿色工程""智慧工程""融合型工程"等方向延伸。例如，在绿色施工领域，结合国家"双碳"目标与绿色建造标准，可编制"环保材料使用比例""节能设备运行定额""固体废弃物分类清运"等相关指标，有效支持施工过程中对能耗、污染物排放的控制。在智慧工程建设与运维方面，如水务调度自动化平台、智慧管网系统等，可依据软硬件部署、系统调试、日常维护的具体作业流程，制定包括"系统数据更新维护""传感器标定""算法模型巡检"等环节的标准化定额，为跨专业、跨技术融合项目提供成本控制基础。

在面向未来的定额体系中，建议逐步构建"横向覆盖全专业、纵向贯通全周期"的框架结构，即不仅在专业维度实现多类型工程并行覆盖，而且能在项目生命周期内，从设计阶段预算、施工阶段成本管理到运行阶段运营维护定额控制，形成系统闭环。此类纵深融合的定额体系，将为南水北调中线工程这一类大型基础设施项目提供更具韧性与前瞻性的管理支撑。

4. 修编机制的规范化与制度保障

为了确保定额管理体系能够长期稳定运行、持续优化提升，有必要从制度层面入手，构建完整、规范、科学的修编工作机制，使定额体系始终处于与工程实践相匹配的动态调整状态。

一方面，应建立企业统一领导、上下联动、职责分明的定额修编组织体系。可设立"定额修编工作小组"或"定额管理中心"，由集团公司统筹指导、技术部门牵头实施、各级单位协同参与，形成高效的协调机制。在职责划分上，应保证不同层级承担相应职责，包括制定年度修编计划、审核技术标准、统筹成果发布等；组织实施、开展区域性修编测算；原始数据采集与应用反馈，确保每一个修订环节分工明确、环环相扣。

另一方面，应制定专门的《定额修编管理办法》，明确定额修编的启动条件（如材料价格波动超过一定阈值、施工工艺发生系统性调整等）、数据采集要求、审核评审流程、成果发布方式以及修编工作的考核机制。在信息化手段支持下，可搭建"定额修编管理系统"平台，集成任务发布、数据上传、进度监控、结果归档等功能，实现全流程的数字化管理和可视化跟踪，提升工作效率与执行效果。

同时，在修编实施中应注重协作机制建设。通过邀请专家库成员、施工一线代表、预算与成本人员共同参与评审过程，确保修订内容兼顾技术性、实用性与经济性，营造多方融合、共建共享的协同氛围。通过制度与平台的双重保障，构建起"常态化更新、周期性评估、动态式优化"的运行机制，使定额体系在面对快速变化的工程环境时始终保持鲜活与高效。

综上所述，南水北调中线工程定额管理体系的优化，不仅是一个技术完善的过程，更是一项系统工程。应从新增项目的系统性测算、现有内容的现场化提升、体系覆盖的专业化拓展以及修编机制的制度化建设等多个维度协同推进，构建起内容全面、结构合理、更新及时、机制健全的现代化定额体系。

在数字化、智能化、绿色化的工程管理新时代背景下，一个科学高效的定额体系不仅能够为预算控制提供坚实的基础，也能够为项目实施的规范化、标准化、集约化发展提供强有力的制度支撑。随着体系的持续完善，其在资源配置、成本优化、效率提升中的支撑作用将更加显著，为南水北调中线工程的高质量运维及可持续发展提供稳定保障，也为我国其他大型基础设施工程提供有益的经验借鉴与示范路径。

8.3 定额管理体系的反馈与调整

在南水北调中线工程定额管理体系中，建立有效的反馈与调整机制，是确保定额管理体系能够适应不断变化的施工环境、资源状况和市场条件的关键环节。通过收集施工现场的反馈意见，并根据实际应用中的问题和挑战，对定额标准和管理流程进行持续优化与改进，可以提高整个工程的管理效率和成本控制能力。

8.3.1 反馈收集机制的建立

首先，为了有效收集与定额管理体系相关的反馈信息，必须设计和实施一套全面的反馈收集机制。反馈信息的收集应涵盖定额管理体系的各个方面，包括预算编制、施工成本控制、材料与资源消耗、施工进度等内容。

多层次反馈渠道：在南水北调中线工程的定额管理中，反馈渠道应当涵盖多个层次，从施工现场的基层工作人员，到工程管理层，再到预算编制与财务部门。每个层次的人员都有不同的观察视角和反馈重点，现场工人可以提供有关定额标准适用性的直接反馈，而管理层则可以反馈定额管理中的成本控制和资源优化问题。通过建立多层次的反馈渠道，定额管理体系能够获得来自各方面的实际应用信息，确保反馈的全面性和客观性。科学的企业内部定额体系构架至关重要，需充分发挥自身组织资源优势，规范建立组织体系、目标体系、制度体系。

1. 组织体系建设

科学合理的组织体系是建设企业内部定额体系的基础。可以建立公司总部、二级公司、三级公司、项目部四级组织体系架构，各层级设置管理机构，固定专人、常态化开展企业内部定额体系建设工作。公司总部应做好顶层设计、宏观指导、业务监督和系统协同工作；二级公司应按照集团公司统一部署，依托企业发展和管理优势，建立组织机构，组建专家队伍，配齐专业人员，积极推进企业内部定额体系建设工作；三级公司应依据二级公司工作要求，依托综合优势和专业优势，成立组织机构，配齐专业人员，组织定额管理相关培训，选取定额测定样本项目，开展企业内部定额体系相关数据的收集、整理、分析、上报；项目部应按照三级公司安排，依托现场资源优势和现场实践优势，配齐定额现场测定人员，组织开展定额现场测定工作，开展企业内部定额体系相关数据的收集、整理、分析、上报，对数据的真实性、有效性负责。

2. 目标体系建设

明晰的目标体系是企业内部定额体系的关键。根据工程项目建设特点，要想建立相对系统完整的企业内部定额体系，首先，需要掌握完成合格的单位工程所需的人工、材料、机械设备消耗量标准；其次，需要建立与消耗量定额配套的费用定额，包含人工工日、材料、机械台班价格，以及措施费费率、间接费费率等费用指标；最后，要建立具有分析功能的收入成本指标定额。企业内部定额体系包含的消耗量定额、费用定额、指标定额三个板块应起到相辅相成的作用。

3. 制度体系建设

规范的制度体系是企业内部定额体系的保障。没有切实可行的保障制度和具体的定额编制计划，往往导致企业定额的编制工作半途而废。因此，集团公司应制定指导意见或实施方案，从顶层设计进行宏观规划和统筹；二级公司制定管理办法，三级公司应制定实施细则，从实践运用层面推进实施。在现场测定阶段，应编制好定额测定等相关操作手册和培训课件，有助于基层测定人员准确掌握测定方法。在成果运用阶段，要做好使用手册和使用说明，同时要建立反馈信息机制，有利于动态调整更新。

信息化平台实现反馈的采集与汇总是南水北调中线工程定额管理持续优化的重要基础。信息化系统应具备数据反馈的自动采集功能，通过现场设备（如传感器、监控设备等）采集施工数据，包括材料使用量、施工时间、机械设备运行情况等。这些数据将为定额调整提供精准的基础。此外，还可以通过在线反馈系统，让相关人员随时提交人工反馈，如预算编制中的困难、材料价格波动对定额执行的影响等问题。

8.3.2 反馈分析与问题识别

反馈信息的系统分析与问题识别，是定额管理体系持续优化的重要环节。它不仅关系到反馈价值的有效转化，也直接决定了后续定额修订与调整的针对性与科学性。在南水北调中线工程这样运行规模大、工种类型多、地域跨度广的系统工程中，定额标准在不同项目和环境下的适配情况复杂多变，必须依赖全面、精准的反馈分析，才能准确识别体系运行中的瓶颈和提升空间。

首先，基于数据的分析识别是当前反馈处理的关键方向之一。借助信息化平台与大数据技术，对施工现场实际资源消耗、成本支出、任务完成效率等与定额相关的数据进行动态采集和比对，已成为识别偏差和问题的核心手段。通过对比历史定额标准与实际工程数据，系统能够揭示项目执行中的差异点。例如，若某项施工工序的人工成本持续偏高，可能表明该项目的人工费定额设定相对保守；再如，当多个项目在使用某类机械设备时均出现使用频率远高于定额中设定值的情况，便可初步判断该机械消耗定额可能滞后于实际施工方法的变化。

这类数据驱动的反馈识别方式不仅效率高、覆盖广，还具备趋势分析和规律发现的能力。在大样本数据的支撑下，系统能够形成对特定定额项目的敏感性指标库，为后续评估提供量化基础。例如，通过数据聚类分析，识别出"材料损耗率高于定额消耗量"的区域集中分布，可以为地区性定额修订提供方向参考；再如，对比不同时间段的定额执行情况，还可评估市场价格变化或技术更迭对既有定额标准的影响程度。

其次，对定性反馈的系统化归集与分析同样是问题识别的重要支撑。在实际工程管理中，许多关键问题往往难以通过数据直接反映出来，而是通过一线作业人员、管理人员在长期实践中积累下来的经验来发现。为此，有必要构建一套科学的人工反馈分类与归集机制，将来自不同层级、不同岗位、不同区域的主观反馈信息进行系统整理，从中挖掘具有普遍性或倾向性的意见内容。

例如，来自施工一线的反馈可能集中于定额在现场应用时的操作难度、作业步骤设置是否贴合实际工序顺序、人工消耗是否与岗位分工匹配等方面；而项目管理人员则更关注定额对工程整体进度与资源协调的支持程度，如某些定额项目的标准是否足以覆盖实际成本、是否存在工程类型间转化适配度不高的问题；成本与预算部门的反馈则侧重于定额与资金计划之间的衔接情况，如定额调整滞后引发的预算偏差、材料单价设定与采购波动之间的匹配关系等。

通过对上述定性反馈进行结构化归类、标签化整理，结合其来源频率、问题指向和区域分布等信息，可以形成一套具有"问题发现—归因判断—价值评估"逻辑的分析路径。这种多源反馈融合方式，有助于管理者全面理解定额在实际应用中的表现，识别那些尚未在系统中显性体现的问题，为定额修编提供更加细致、真实的支撑依据。

值得强调的是，反馈分析与问题识别工作的本质，并不是简单的"问题登记"，而是一次信息价值的再提炼与工程规律的再确认。通过数据与经验的协同分析，不仅可以发现标准偏差、结构不合理等显性问题，还能从问题频发的背后，看到行业趋势变化、技术演进对定额体系提出的新挑战。

反馈分析与问题识别是定额体系动态优化链条中的基础环节。通过构建以数据分析为基础、人工反馈为补充的多元分析机制，不断完善问题归类方法与信息识别能力，定额管理才能真正贴近现场、服务实践、支撑决策，为南水北调中线工程高效运维和成本控制提供持续优化的专业支持。

8.3.3 定额调整机制的设计与实施

在通过反馈分析发现问题后，定额管理体系需要具备灵活的调整机制，以便根据实际应用中的情况及时对定额标准和管理流程进行优化。这一调整机制应当具备快速反应能力和灵活性，确保定额体系能够与实际需求保持一致。为此，定额调整机制的建设应从三个层面展开：动态调整机制的构建，调整流程的标准化与透明化，以及调整效果的反馈验证机制。

1. 动态调整机制的构建

南水北调中线工程具有覆盖地域广、施工环境复杂多变的特点，涉及多种工艺类型和资源配置模式。在此背景下，定额标准的调整不应是周期性、滞后的被动修订，而应是嵌入式、实时性的动态优化。

首先，应依托信息化平台，建立覆盖原材料市场、人工工时、机械设备等关键资源要素的数据监测模块。该模块应具备价格采集、用量比对、波动分析等功能，可实时捕捉市场变化、区域差异与项目反馈等关键指标。以材料价格为例，若某类管材在多个地区连续三个月价格上涨幅度超过15%，平台可自动生成建议调整值，并进入审批流程，实现"数据触发式"动态更新。

其次，应根据工程种类、项目类型和地域特征建立多级定额调整模型。不同于"一刀切"式的统一修订，多级模型可根据项目所在地（如山区、平原、城市段）、工程类别（如隧洞、明渠、泵站）、执行阶段（如运行期、维修期）灵活设定调整参数，形成差异化的标准更新策略。如此既能保留标准化管理的统一性，又能体现定额适用的灵活性，增强管理的精准度与现场适配性。

2. 调整流程的标准化与透明化

为了确保定额调整机制运行有序、高效，应对调整流程进行制度化设计，明确调整启动条件、审核流程、修订权限和发布程序。

调整启动条件方面，建议设立多元触发机制，包括数据异常自动触发（如成本超限、使用偏差）、人工反馈汇聚触发（如某项目单位连续3次提交同类反馈），确保调整机制既可响应日常变动，也能服务战略性优化。

流程设置方面，可参照"问题识别—调整建议—技术审核—试点验证—成果发布"的标准路径，实行分工协作、分级审批。例如，技术部门负责提出调整建议并组织测算；财务、采购等职能部门提供市场价格与合同数据支持；试点单位开展验证应用；管理层对最终成果进行审定并发布。通过这种协同机制，不仅提升工作效率，也增强调整结果的权威性和实操性。

信息系统应同步提供全流程可视化管理界面，记录每一项调整的发起人、时间、依据、数据支撑、审批状态、适用范围及执行情况，确保调整过程公开透明、可追溯、易评估。

3. 调整效果的反馈验证机制

定额标准的调整不是终点，而是新一轮验证的起点。为了确保所做调整真正发挥作用，有必要建立完善的反馈验证机制，对调整后的执行效果进行跟踪评估，并根据实际表现继续优化。

建议设立调整效果观察期与回访机制。如某项定额修改已在 3 个以上试点项目实施满 3 个月，可组织专项评估组，结合成本核算结果、现场操作反馈与项目管理意见，对新定额执行的适应性、准确性和可操作性进行综合评价。评估内容包括：新定额是否提升了计划编制与成本测算的一致性？是否缩小了预算偏差？是否提高了施工组织效率？如发现仍存在不适应问题，应快速进入再调整流程，实行"试用－评估－修订"的迭代式优化路径。

同时，系统应自动生成调整效果评估报告，并与原始触发数据、现场反馈、区域适用性等要素进行交叉分析，逐步积累"调整—验证—优化"全过程数据档案，为未来大规模标准修订提供数据支持与经验借鉴。

定额调整机制的有效运行，需要技术、制度与工具三位一体的支撑。通过建立动态更新、分级管理、流程透明、反馈闭环的调整机制，能够确保南水北调中线工程定额管理体系与工程实践保持高度契合，提升其前瞻性与适应性，为工程运维的高效实施与成本可控提供有力保障。

8.3.4　持续优化与改进机制

定额管理体系的优化是一个持续演进的过程，尤其在南水北调中线工程这样覆盖广、周期长、运行复杂的大型系统工程中，定额体系必须具备适应工程发展变化的能力。施工方式的调整、材料技术进步、人员结构变化、运维环境演化等，都会对既有定额提出新的挑战。因此，建立一套科学、系统、常态化的持续优化机制，成为保障定额体系动态适配性的关键路径。

1. 构建定期评估与动态审查机制

定额优化应从"制定后使用"向"使用中优化"转变。通过定期组织定额执行情况评估，系统归纳定额在预算编制、施工管理、成本控制等方面的适配性和偏差问题，是实现体系改进的第一步。评估结果应成为修订依据，通过定额评估会、年度回顾报告等制度化手段，将优化工作嵌入日常管理流程，使其具备前瞻性和持续性。

2. 推进一线反馈机制与激励制度

基层使用者如施工班组、运维人员、编制人员，最了解定额标准在实践中的可行性。应畅通反馈渠道，设立建议表、项目评估报告、移动端意见提交系统等方式，及时收集现场意见。同时建立激励制度，如评优、积分、考核加分等，调动人员参与热情，形成"发现问题—提出建议—推动优化"的良性闭环。

3. 建设统一的数据管理平台

工程推进过程中，大量定额数据会发生变化。应通过信息化手段建设统一的定额数据库，动态归集标准版本、修订记录、评估数据等内容，形成结构化、可追溯的数据资产体系。该数据库不仅服务日常查阅，还应成为定额优化的分析基础，并与预算、物资、成本等系统联动，实现数据驱动型管理。

4. 健全组织机制与制度体系保障

优化机制的有效运行，需制度和组织双重支撑。建议成立由技术、成本、运维等多部门组成的定额优化协调小组，专责组织推进各项评估与修订任务。同时制定《定额优化管理办法》，明确修编流程、评价周期、职责分工和考核方式，为持续优化提供制度依据与执行抓手。

5. 强化经验总结与推广机制

定额优化不仅要解决当前问题，更要提升整体水平。应及时总结优秀案例与典型经验，形成可复制的"经验成果文库"，并通过制度化渠道进行推广，避免重复问题反复发生，持续提升定额体系运行质量与管理效能。

持续优化机制的核心在于构建一个"评估—反馈—修订—总结"的闭环运行体系。通过组织保障、数据支撑与机制设计的联动发力，推动定额体系由静态标准向动态适应转变，为南水北调中线工程的高质量运维提供坚实支撑。

8.3.5　定额体系的完善

定额体系作为工程项目管理和经济运行控制的重要工具，其科学性与完整性直接影响到资源配置的合理性、成本管控的有效性以及工程效率的整体提升。在南水北调中线工程日常运行管理不断深化、工程领域不断拓展的背景下，构建一套结构完善、机制健全、响应及时、适配广泛的定额管理体系显得尤为关键。

未来的定额管理，不仅需要应对日益复杂的工程场景和技术条件，也需在理念、方法、手段和应用范围等多个层面持续推进完善与拓展，以更好地服务工程管理的高质量发展目标。

1. 推动定额管理的自动化升级

随着大数据、人工智能、物联网等新一代信息技术的广泛应用，定额管理正由传统的人工作业方式向自动化、智能化方向加速转型。未来可在数据采集、定额比对、偏差预警、模型预测等环节引入智能算法，实现对人工成本、材料使用、设备利用等关键指标的实时监测与智能分析。

通过建立自动化数据采集机制，依托现场传感器、设备运行记录、材料流转系统等手段，实现定额执行数据的实时获取；同时借助人工智能技术，对历史项目数据进行深度学习和模式识别，可辅助预测某类项目的资源需求变化趋势，提升定额制定与调整的前瞻性和精准度。此类技术的集成应用将有效提升定额管理的效率与科学性，为构建"感知化—决策化—执行化"的闭环体系奠定技术基础。

2. 扩展定额管理体系的应用范围

当前南水北调中线工程所构建的定额体系，已涵盖土建、绿化、机电、安保、工程监测等多个工程类别，形成了覆盖较广的标准体系。随着城市基础设施建设、数字工程、生态环境保护等领域的发展，定额体系也应逐步走向更广泛的行业延伸和跨界应用。

未来可将定额体系推广应用于城市供水管网工程、流域生态治理、能源站点运维、城乡雨洪调蓄设施建设等场景，通过适当调整指标体系、优化作业定性描述，使定额标准具备跨行业应用的基础。同时，在大型水利工程"全生命周期管理"理念指导下，应将定额内容拓展至设计、施工、运营、维修各阶段，实现贯穿项目全过程、全要素的系统性覆盖，为政府投资项目的成本控制和资源配置提供参考依据。

3. 加强与市场变化的联动机制

工程项目运行环境不断变化，材料价格波动、人工成本上涨、设备折旧加快等市场动态，对定额标准的时效性和适应性提出了更高要求。未来的定额管理体系应增强市场感知能力，具备动态响应机制。

建议依托信息化平台建设定额与市场联动的数据接口，实时接入材料价格指数、区域人工工价、设备租赁成本等市场数据，建立定额指标浮动模型，动态更新成本结构。对于关键物资，如钢筋、水泥、PVC 管材等，可设置价格波动阈值，一旦触发自动预警并启动定额修订程序。同时，探索建立与物资采购、合同预算、设备调度等系统的协同机制，确保定额标准的市场匹配度和实用效能持续提升。

4. 推动定额管理的标准化与协同化

标准化是定额管理体系可复制、可传承、可推广的前提。未来的定额建设应强化标准体系的系统性、规范性和互联性。建议进一步统一定额编码规则、工序划分逻辑、费用归类方式、资源分类标准等基础内容，形成南水北调中线工程具有代表性的定额标准体系，并在全行业范围内推动对接与应用。

此外，应加强区域之间、单位之间的经验交流与制度协同，建立定额管理工作协作机制，促进不同区域在定额应用、修编、调整等方面的标准互认与信息互通，逐步构建全国大型基础设施领域共享互用的定额知识体系，为行业整体水平提升提供标准化支撑。

5. 优化反馈与改进机制，增强体系韧性

任何成熟的定额体系都不是一次性完成的成果，而是在实践中不断修正、积累和完善的过程。为此，应持续优化反馈与改进机制，使定额管理具有更强的自我修复和自我更新能力。

应建立覆盖施工现场、管理层、预算编制单位等多维度的反馈渠道，收集定额使用中的典型问题和合理化建议，并通过数据分析与专家评估相结合的方式，形成动态修编清单，及时调整更新。同时，应重视工程项目的总结复盘和经验传承，将项目实施过程中的关键反馈、修编成果和实践效果系统归档，构建定额知识库，形成基于经验与数据融合的体系演进逻辑。

综上所述，完善定额体系是适应南水北调中线工程高质量运行、精细化管理和现代化治理的重要支撑路径。未来定额体系的建设，应立足当前应用基础，面向技术趋势与管理需求，在自动化、跨行业、标准化与反馈机制等方面不断提升，构建一个结构完备、运行高效、灵活响应、持续迭代的现代定额管理体系，为国家重大工程项目的长期运行与成本控制提供坚实基础。

8.4 定额管理在企业成本控制中的应用挑战及建议

随着南水北调中线工程运营规模不断扩大，企业在工程管理中的成本控制面临越来越高的精细化要求。定额管理作为实现成本约束与效率提升的重要手段，其应用正不断深入。但在推进过程中，仍面临有待突破的现实难题。在当前数字化转型加速、管理模式升级的大背景下，定额管理的实施不仅受到数据质量、技术手段、协同机制和人才结构等因素制约，同时也面临新技术带来的挑战与变革契机。

8.4.1 应用难点分析

长距离大型调水工程的运行和维护是一项复杂且庞大的系统工程，涉及多个环节和部门，跨越广泛的地理范围。因此，如何高效地建立和实施合理的定额管理体系，是确保项目顺利运行、控制成本以及提高工程效益的关键。在数字化时代，尽管信息技术的进步为定额管理提供了新的机遇，但也带来了不少挑战。以下是长距离大型调水工程在定额管理中面临的几个主要应用挑战。

1. 原始数据质量需进一步提升

企业的数据数量和复杂性都在不断增加，给数据收集和分析带来了更大的挑战。如果数据质量得不到保证，数据分析的结果就可能不准确，从而影响企业的决策和成本控制。企业都是逐步迈向数字化管理，在以往的项目执行和内部管理过程中，企业并没有认识到原始数据信息的重要性，过于关注业务数据的收集和整理，原始数据信息杂乱、质量不高，数据的准确性有待考量。由此，部分企业缺乏有效的原始数据积累，导致数据不准确、统计工作量巨大，给定额管理的实施带来困难。原始数据是定额管理的基础，如果企业未能有效积累原始数据，可能会导致数据分析不准确，无法反映实际情况，进而影响企业的决策和成本控制。同时，一些企业缺乏统一的数据管理标准和流程，造成不同部门之间的数据隔离，阻碍了信息共享和协同工作的实现。

2. 信息化成本管控实施困难

市场和生产环境变化迅速，企业在项目执行过程中往往面临许多不确定性，使得目标成本的管理变得困难。首先，企业在前期目标成本估算方面往往不够精确，这是由于缺乏完善的目标成本体系和数据支持能力。在进行目标成本估算时，企业往往只能依靠历史数据和经验进行估算，而无法根据项目实际情况和市场环境进行精细化预测。其次，数字化成本管控涉及多种先进技术，如大数据分析、云计算、人工智能等，虽然这些技术的应用可以帮助企业更好地进行成本控制和管理，但同时也面临技术门槛高、人才短缺等问题。

3. 成本管控整体协同仍有提升空间

在企业的平台化运营模式下，成本管理必须覆盖整个企业，包括采购、生产、销售、物流等各个环节。然而，在传统的成本管理模式下，企业往往只关注某个特定部门或项目的成本控制，而忽视了全局的成本管理，会导致成本管理缺乏整体性和系统性，也会导致资源分配不合理。数字化时代，企业面临来自多个系统和数据源的信息，部分企业缺乏统一的信息标准，导致成本数据的收集和整合困难，难以得到全面的成本数据，使企业无法全面了解成本控制的各个环节，从而影响定额管理策略的制定。

4. 数字化复合型人才储备进一步扩充

随着企业的发展，定额管理的应用范围和需求也在不断扩大，数字化时代要求人才具备涵盖多个领域的综合技能，包括数字化技术、数据分析、行业专业知识和成本管理技能。然而，很多企业缺乏具备相应数字技能的人才，无法有效地进行数字化定额管理，进一步影响了数字化时代定额管理在企业成本控制中的应用。数字化技术在快速发展，因此要求从业人员不仅要具有广泛的技术知识，还需要不断学习和适应新技术。此外，由于定额管理涉及企业的成本、利润等敏感信息，需要有一定的保密性和安全性，这也增加了对定额管理人才的要求和限制。由于缺乏复合型人才，企业无法准确应用数字化技术制定和执行定额管理制度，导致成本控制效果不佳，影响了数字化时代企业的盈利能力和市场竞争力，无法充分发挥数字化技术优化企业管理的优势。

8.4.2　应对策略及建议

面对南水北调中线工程定额管理在企业成本控制中存在的诸多挑战，不能简单地停留在问题的列举和现状的描述上，而应以积极的视角审视现状，主动寻求破解之道。在数字化转型日益深化、管理精细化要求不断提高的背景下，企业亟须建立系统性、前瞻性和操作性兼备的应对机制。围绕原始数据质量、信息化落地、成本控制整体性、人才结构短板等问题，以下五个方向可作为优化路径的重点着力点，为定额管理的有效实施与持续提升奠定坚实基础。

1. 夯实原始数据管理基础，推动定额体系"数据驱动化"转型

原始数据作为定额管理体系的根基，其真实性、完整性与可用性直接决定了定额标准的科学性与执行力。针对当前企业在原始数据积累方面存在的薄弱问题，建议从数据采集、整理、治理、应用四个环节系统发力。

首先，要建立健全数据标准与采集机制，明确定额数据采集的口径、频率、内容和责任主体，通过制定统一的数据项定义、编码规则和校核标准，实现数据采集"有规可依"。其次，应引入信息化手段辅助采集，如在施工现场部署智能终端、数据采集仪器与传感器设备，减少人工干预，提高数据采集的自动化水平与现场真实性。

在数据治理方面，构建集中统一的数据中台尤为关键。通过建设"定额数据资源库"，打通历史项目数据、实时施工数据与成本核算数据，实现数据整合、清洗、归类与可视化管理，为后续定额修编与成本分析提供可追溯的数据信息基础。同时，推动数据成果在预算编制、资源调配、绩效评价等环节的广泛应用，真正实现"以数治额、以额控本"。

2. 推动定额信息化平台深度落地，提升系统协同与成本感知能力

信息化是解决定额执行与成本管理碎片化问题的重要工具。为提升数字化成本控制能力，企业应着力建设以定额为核心的一体化信息平台，实现各业务系统间的高度集成与信息共享。

首先，应将定额管理系统与采购、合同、物资、进度、财务等系统实现横向贯通，形成从"定额编制—执行管控—结果分析"的闭环链条。通过统一的成本数据接口，实现材料价格自动更新、人工工时动态测算、设备利用率实时反馈等功能，打破信息壁

垒，为管理者提供精准、高效的决策支持。

其次，建议探索"云端协同＋移动端辅助"模式，将定额管理延伸至项目一线与现场操作层。通过移动终端应用实现数据采集、异常上报、定额核对等功能，既提高管理触达广度，又增强系统的灵活性与适配性。

最后，应加强对信息化系统的推广应用与能力建设，制定平台使用标准，组织定期培训与演练，提升各层级员工的信息系统熟练度和数据应用能力，真正实现"系统用起来、数据跑起来、管理实起来"。

3. 构建全过程、全链条的成本控制体系，提升定额应用的系统效益

定额管理的价值不仅在于标准制定本身，更在于其在项目全生命周期中的应用与延伸。在当前企业普遍存在"碎片化管理"现象的背景下，应通过全链条优化，实现成本控制的整体跃升。

建议构建覆盖"事前策划—事中执行—事后评估"的全流程成本控制机制。事前阶段，应依托定额标准指导项目目标成本测算与资源配置方案制定，增强项目策划阶段的科学性和前瞻性；事中阶段，应以定额标准为基准，强化过程控制与偏差分析，通过"计划—执行—偏差—调整"的动态机制实现精准控制；事后阶段，应对比定额与实际执行结果，开展效益评估与经验总结，反哺定额体系的优化更新。

同时，在企业管理层面应推动"全员成本责任制"，明确各部门、各岗位在定额执行中的职责与成果导向，通过设立成本管控关键绩效指标（KPI），激励员工主动挖潜降耗，实现成本控制从"被动压缩"向"主动优化"的转变。

4. 强化复合型人才队伍建设，增强定额数字化管理能力

在定额管理日趋信息化、系统化的趋势下，对专业人才提出了更高的综合能力要求。当前企业普遍面临"懂技术的不懂数字、会系统的不懂业务"的人才结构矛盾，应着眼长远，打造跨领域、多技能的复合型定额管理人才队伍。

一方面，应依托企业内训体系，系统开展定额原理、信息系统操作、数据分析技能等模块化课程，分层次、分岗位进行能力提升培训，推动人才知识结构"专业＋数字＋管理"的融合升级。

另一方面，鼓励跨部门交流与实践锻炼，如组织预算、技术、项目管理人员参与定额测定与系统维护工作，打破业务边界，增强实际协同能力。同时，建立专业人才激励机制，将定额工作成效纳入人才评价体系，引导更多优秀员工向定额与成本控制方向聚焦。

在中长期层面，可与高校、科研机构共建实训平台、项目研究合作机制，借助外部资源培养新一代定额数字化人才，提升企业在技术演进过程中的人才应对能力。

5. 完善制度保障与组织体系，形成定额管理的长效机制

制度和组织是推动管理落地的关键保障。为实现定额管理体系的可持续发展，应从顶层设计入手，构建"制度规范＋组织支撑＋过程监督"的三位一体保障体系。

在组织方面，应设立专门的定额管理协调机构，统筹平台建设、标准修编、数据治理等核心工作，并在各层级单位设立对应岗位和责任人，确保上下协同、职责明确、运行高效。

在制度方面，建议制定《企业定额管理办法》《定额修编操作规范》《信息化系统使用规程》等配套制度，对定额制定流程、数据采集流程、系统操作流程、修编审批流程等进行规范化管理，提升定额管理的制度化与规范化水平。

此外，应建立常态化评估机制与激励机制，定期组织定额执行情况评估，发布优化清单与应用通报，并对在数据采集、系统建设、修编推动等方面表现突出的单位或个人给予奖励，增强体系活力，激发全员参与热情。

通过从数据基础、平台建设、流程闭环、人才保障与制度设计五个维度系统发力，企业可以有效破解当前定额管理面临的困境，推动其在企业成本控制中发挥更大作用。南水北调中线工程作为典型的跨区域大型基础设施项目，更应在定额管理机制创新方面走在前列，树立行业典范。随着挑战的不断应对与机制的持续完善，定额管理体系将在新时代工程管理体系中占据更为核心的位置，为实现精细化运营和可持续发展目标提供坚强支撑。

8.5　定额管理体系的未来发展方向与趋势

南水北调中线工程作为中国历史上长距离调水工程之一，其定额管理体系在未来的发展中，将继续适应技术进步和管理需求的变化，不断优化和提升。结合现有的管理体系和技术发展趋势，可以预见未来南水北调中线工程定额管理体系将在信息化、智能化和绿色化等方面取得重要突破。

8.5.1　信息化平台的进一步深化与集成

随着信息技术的不断进步，南水北调中线工程定额管理体系将继续深化信息化建设，未来的定额管理将更加依赖信息系统的集成与自动化功能。

全面集成的管理平台：未来的定额管理体系将实现更全面的系统集成，不仅限于预算编制和成本核算，还将包括项目管理、施工调度、物资供应、财务管理等多领域的功能集成。各类系统之间的数据共享将更加无缝，定额管理人员可以通过一个集成的管理

平台适时监控项目的各个方面，提升工作效率和管理透明度。

基于云端的协作模式：未来的定额管理体系有望借助云计算技术，推动云端协作管理模式。云端管理不仅可以确保各地施工单位和管理部门随时随地访问定额系统，还能够有效提高定额数据的共享和同步能力。特别是南水北调中线工程跨越多省的特点，云端定额管理能够有效解决不同区域之间的数据滞后和不一致的问题。

8.5.2 人工智能与大数据的全面应用

人工智能和大数据技术将在未来的南水北调中线工程定额管理体系中发挥更为核心的作用。这些技术将进一步提升定额管理的精度、效率和科学性。

（1）智能化定额编制与调整。未来的定额编制将更多依赖人工智能技术，系统通过对历史数据和实时数据的自动分析，智能生成定额标准，并可根据施工中的实际消耗和成本变化动态调整。人工智能的预测功能将帮助管理者提前做出预算规划，避免因市场波动或施工变化带来的突发成本超支。

（2）大数据驱动的决策支持。大数据技术将在定额管理的决策支持中发挥重要作用。未来的定额管理体系将通过大数据平台采集、分析大量历史项目的施工数据、市场数据和成本数据，帮助管理者进行深度分析与决策。例如，系统可以根据大数据分析结果，推荐最优的材料采购时间，预测未来的价格走势，优化资源调配策略等。

（3）风险预警与动态监控。基于人工智能和大数据技术的风险预警系统将在未来定额管理体系中变得更加完善。系统可以通过分析施工过程中的数据，快速识别可能的风险因素，如预算超支、工期延误或资源短缺等问题，帮助管理者做出调整，确保项目顺利进行。

8.5.3 绿色定额管理与可持续发展

未来，南水北调中线工程定额管理体系将更加注重绿色施工与可持续发展的理念。在全球对环保和可持续性要求不断提高的背景下，南水北调中线工程的定额管理将融入更多的绿色标准。

（1）绿色定额标准的建立。未来的定额管理体系将引入更加完善的绿色定额标准，涵盖材料使用的环保性、施工过程的能源消耗以及碳排放控制等方面。例如，系统可以在编制定额时，将低能耗设备、可再生材料的使用纳入标准，推动整个项目在环保和节能方面取得显著进展。

（2）资源节约型管理机制。未来的定额管理体系将通过大数据和人工智能技术，优化资源的使用效率，减少浪费。例如，系统可以通过对施工现场资源使用情况的适时监控，及时调整材料供应和机械使用计划，避免资源闲置和浪费，最大限度提高资源利用率。

8.5.4　动态调整与适应性增强

随着市场环境的变化和技术的进步，南水北调中线工程的定额管理体系将越来越强调动态调整和快速响应能力。

自适应定额管理体系：未来的定额管理体系将具备更强的自适应能力。系统能够根据外部市场价格、施工条件变化和项目进展情况，自动调整定额标准和预算方案。这样的体系不仅提高了管理的灵活性，还能够减少因市场波动或不可预见事件带来的影响。例如，当材料价格上涨时，系统会自动计算对项目预算的影响，并推荐相应的调整措施。

灵活的调整机制与优化流程：未来的定额管理体系将不断优化调整机制，确保在项目的任何阶段都能根据实际情况进行灵活调整。这种机制将结合人工反馈和数据分析的结果，确保调整后的定额标准能够及时实施，并为后续施工提供支持。

8.5.5　全生命周期管理模式

南水北调中线工程定额管理的未来发展方向将逐步向全生命周期管理模式过渡。传统的定额管理往往侧重于施工阶段，而未来的定额管理将覆盖从项目设计、施工、运营维护到项目结束的整个生命周期。

覆盖设计、施工、运营的定额体系：全生命周期的定额管理模式将涵盖项目的所有阶段，不仅在施工阶段进行定额管理，还包括前期设计阶段的预算编制和后期运营维护的成本核算。通过这种全方位的管理模式，定额管理体系能够更好地支持项目的长期规划与实施，确保整个项目生命周期内的资源使用效率和成本控制水平。

后期维护与运营的成本优化：南水北调中线工程作为一个长期运营的基础设施项目，其定额管理体系将逐步扩展到项目的后期维护与运营阶段。例如，系统可以自动分析设备的使用寿命和维护成本，帮助管理者合理编制维护定额，确保项目的长期经济效益与可持续发展。

未来南水北调中线工程的定额管理体系将朝着信息化、智能化、绿色化和动态化方向不断发展。在信息化平台的深度集成、人工智能和大数据技术的广泛应用、绿色施工标准的引入以及全生命周期管理模式的推动下，南水北调中线工程的定额管理将变得更加高效、精准和可持续。随着技术的不断进步和管理理念的革新，南水北调中线工程定额管理体系必将为大型水利工程的现代化管理树立新的标杆。

参 考 文 献

［1］陈新忠，杨君伟．南水北调中线干线工程维修养护项目预算管理机制研究［J］．中国水利，
　　2021（10）：36-38．DOI：10.3969/j.issn.1000-1123.2021.10.032．

［2］李彦平．南水北调工程使用定额及费用的几点体会［J］．南水北调与水利科技，2008，6（z2）：1-
　　2，5．DOI：10.3969/j.issn.1672-1683.2008.z2.002．

［3］田斐，张黎明，冯龙飞．南水北调中线干线工程维修养护定额标准编制的体会［J］．南水北调与
　　水利科技，2014，12（B01）：58-59，72．

［4］王英，丁雪峰．南水北调中线工程巡视人员定额分析［J］．商业经济，2015（1）：105-106．DOI：
　　10.3969/j.issn.1009-6043.2015.01.047．

［5］马立科．基于一体化管控的长距离调水工程运行管理系统构建［J］．中国水利，2017（12）：27-
　　29．DOI：10.3969/j.issn.1000-1123.2017.12.011．

［6］方红仁，杨双铭，崔晔，等．南水北调集团中线公司基于全生命周期的项目预算管理实践［J］．
　　财务与会计，2022（18）：19-22．DOI：10.3969/j.issn.1003-286X.2022.18.005．

［7］黄礼林，张卫红，张琪，等．南水北调集团中线公司基于企业内部价值单元的数智系统实践
　　［J］．财务与会计，2022（18）：31-35．DOI：10.3969/j.issn.1003-286X.2022.18.008．

［8］范运生，郭智旭．水利工程精准定价浅析［J］．中国水利，2021（18）：50-51．DOI：10.3969/
　　j.issn.1000-1123.2021.18.041．

［9］牛广利，李天旸，薛广文，等．长距离引调水工程智能安全监控预警系统研发及应用［J］．长江
　　科学院院报，2025，42（2）：204-210．DOI：10.11988/ckyyb.20240695．

［10］杨启贵，张传健，颜天佑，等．长距离调水工程建设与安全运行集成研究及应用［J］．岩土工程
　　学报，2022，44（7）：1188-1210．DOI：10.11779/CJGE202207002．

［11］吕晓理．基于工程咨询机构参与的大中型水利项目全过程投资控制分析［J］．价值工程，2022，
　　41（30）：25-27．DOI：10.3969/j.issn.1006-4311.2022.30.009．

［12］张高伟，张玉辉，冯武臣．南水北调中线工程合同价差调整实践［J］．中国水利，2021（18）：
　　54-55，58．DOI：10.3969/j.issn.1000-1123.2021.18.043．